科學+

貓咪是液體嗎？

40 個最奇葩的搞笑諾貝爾獎主題

五十嵐杏南｜著　鄭世彬｜譯

三民書局

序

獲頒諾貝爾獎，是個非常了不起的殊榮。

……然而，卻也很難獲獎。

相對之下，搞笑諾貝爾獎則是一個輕鬆且有趣的科學慶典。

搞笑諾貝爾獎創立於 1991 年，其宗旨是「令人在發笑之後也能進行思考」。在過去三十多年來，為這個世界帶來不少的歡笑。搞笑諾貝爾獎每年會從近一萬件的報名者當中，嚴格選出十項令人感到不可思議的奇妙研究主題，並且頒給獎項。

這是一項全球人士皆可以報名的獎項，但不知為何，每年獲獎的研究者中都有日本人。包括 2020 年在內，日本人已經連續十四年獲得搞笑諾貝爾獎了。例如，能夠理解狗狗心情的「狗語翻譯機」和「卡拉 OK」這兩項發明，都是入選過搞笑諾貝爾獎，由日本人所貢獻的傑作（沒錯！在這個領域也能見到「酷日本 (Cool Japan)[1]」的蹤跡）。

曾在電視或新聞網站上看過搞笑諾貝爾獎相關報導的人們，應該都會不禁想要在社交網站上發貼文表示「有夠雞肋」或「笑死」。比

---

[1] 「酷日本」是日本政府為了向海外推廣日本文化軟實力所制定的計畫與政策。主旨是希望透過動漫、日式料理、流行音樂、影劇、遊戲等受國際喜愛的日本文化創造海外市場，並以此來振興國內的經濟。

如說，若今天聽到有人發明了「可以當防毒面具使用的胸罩」時，你一定也會不禁表示「什麼鬼！？真的假的～（笑）」。

然而在深入瞭解之後，我們不難發現這些搞笑諾貝爾獎得主的研究其實都大有來歷。其中有些研究甚至上過《*Nature*》或《*Science*》等全球最具權威性的學術期刊。

有些科學家似乎認為，「搞笑諾貝爾獎根本是在嘲諷科學研究」，然而事實恰好相反。搞笑諾貝爾獎委員會認為，「值得讚揚的研究也能具備奇特，甚至是滑稽的一面」。這個獎項所扮演的角色，就是透過滑稽有趣的方式，將眾人目光集中於科學研究上。也就是說，優秀的研究並不一定只能表現得枯燥乏味。

因此，雖然有些候補者會擔心自己被世人嘲笑，但絕大部分的人都認為，「這是一種榮譽，很高興自己的努力受到認可」，並在獲獎時爽快地接下獎座。

再者，搞笑諾貝爾獎也是一個讓眾人知道自身研究主題的絕佳機會。實際上，有不少研究者在獲獎之後，上電視或演講的邀約就明顯增加了，因此也多出許多機會可以講解自身的研究內容。此外，即便獲獎已超過十年，有些獲獎者每個月還是可以接到一次有關於搞笑諾貝爾獎的工作邀約。

為了讓各位讀者能更加瞭解本書內容，在此就稍微解說一下搞笑諾貝爾獎的背景。

選拔方式

全球任何人都可以透過他人推薦或是毛遂自薦的方式，將研究主題投稿至搞笑諾貝爾獎。不過，就過去的經驗來看，毛遂自薦者幾乎沒有人最終獲獎。

在接獲眾多投稿之後，由搞笑諾貝爾獎創始人——馬克·亞伯拉罕 (Marc Abrahams) 所率領的搞笑諾貝爾獎委員會便會進行討論與票選，最終決定出該年度的得獎者們。這個委員會的組成成員包括：由馬克擔任總編輯的趣味類科學雜誌《*Annals of Improbable Research*》之編輯、科學報導記者、諾貝爾獎得主以及眾多科學家們。

獎項名稱由來

「搞笑諾貝爾獎 (Ignobel)」是個新造的單字，這個字除了諧仿自諾貝爾獎之外，還帶有著「欠缺崇高性」的意涵。

搞笑諾貝爾獎委員會表示，對於這些「好笑的研究」，他們大多都是帶著善意而笑，但有時候獲獎卻也有可能是不怎麼名譽的事，因為他們有時也會帶著滿滿的嘲諷意味來頒出獎項。

例如在 2020 年時，他們便將醫學教育獎頒發給包括美國總統唐納·川普 (Donald Trump) 在內的部分世界首腦級人物，但這些人得獎的理由居然是：「利用新冠病毒全球大流行來警告世人，政治家影響人類生死的力量比醫師以及科學家還大」。哎呀！真是嘲諷滿滿！

頒獎典禮

過去頒獎典禮都是在麻省理工學院舉行，而現在則是移師到哈佛大學的桑德斯劇場。在一千兩百位觀眾朝舞臺射出紙飛機之後，頒獎典禮便會正式開場。若獲獎者想參加這場盛宴，那麼就得自己想辦法籌措旅費，主辦單位可是沒有要幫忙支付交通費喔！

搞笑諾貝爾獎不僅是名稱取自於諾貝爾獎，還會邀請正牌的諾貝爾獎得主親臨現場。不過，正牌諾貝爾獎得主的任務可不是只有擔任頒獎人那麼簡單，還要負責用掃帚清掃舞臺上的那堆紙飛機。

搞笑諾貝爾獎的獎品每年都不同，但通常都會有一座設計詭異的獎座，以及看起來面額超大的 10 兆辛巴威幣。事實上，若將這筆獎金換算成臺幣，其實連 1 元都不到。拿終極通貨膨脹的辛巴威幣當獎金，這又是來自搞笑諾貝爾獎滿滿的嘲諷。

頒獎典禮上的神祕小女孩是誰？

主辦單位當然會預留時間給得獎者發表得獎感言，但是若超過限制的時間長度（60 秒），就會有一位八歲的小女孩出現，並且不斷地大喊著：「夠了，我聽膩了！」藉此打斷獲獎者的演說。這位小女孩就是知名的「甜普小姐 (Miss Sweetie Poo)」。由於這個角色的設定是僅能由八歲的小女孩擔任，因此每年上臺的甜普小姐都是不同的小女孩。有些得獎者會準備禮物，希望藉此來獲取小女孩的歡心，爭取多一點的得獎感言發表時間，但甜普小姐才不會被那種騙小孩子的把戲給騙了呢！

本書將從搞笑諾貝爾獎的獲獎研究中，挑選出近期較受關注的主題來介紹。除了正經八百的說明之外，有時亦會加入個人觀點，以略為輕蔑的筆觸撰寫。希望各位能抱持著輕鬆的心情來閱讀這本書。

另外，本書也會較為偏重日本籍得主的研究功績，希望各位能多加關注這些在日本也不怎麼引發話題的有趣研究。

在開心笑過之後要怎麼進一步思考，就端看各位的想法了。好啦，在此歡迎各位蒞臨這個過度自由的研究世界！

目 次

Part 2

怪怪大發現

Part 3

生物不可思議的生態

Part 4

研究者的親身體驗

Part 5

極其純真的好奇心

Part 1

總有一天會派上用場!?

搞笑諾貝爾獎有實際用處嗎？

說到搞笑諾貝爾獎，許多人都會認為那是「雞肋」研究的代名詞。然而，有些獲獎的研究卻是相當認真，而且對人類有所幫助的。

在這一章當中，將會為各位介紹實際對我們日常生活有所幫助的研究主題。雖然說對我們的日常生活「似乎有所幫助」，但這些研究都是基於在特定條件下，才能真正幫助到我們。然而，從研究者本人的角度來看，這些研究中所提出的解決方法或許就是最完美的點子。

此外，這些研究也會幫助我們從不同角度切入，去思考立場不同於自己的人們是過著怎麼樣的生活。

例如，在看過「若想讓胎兒聽音樂，就得在陰道播放」（第 20 頁）這項研究後，就連沒有小孩的我，都開始思考起關於母性的問題；或許哪一天我會想要利用這個方法，讓在我肚子裡的孩子也能聽聽音樂。在讀過「改善打鼾的樂器」（第 28 頁）這項研究後，我不禁想起一位罹患睡眠呼吸中止症的朋友，他就有在使用那個麻煩的機器，但他真的討厭那臺機器嗎？

就像這樣子，我是一邊認真思考，一邊寫完這本書的。

因為日本有許多人深受花粉症所苦，所以應該有許多人對「接吻可以有效改善花粉症」（第 17 頁）這個主題很感興趣吧？至於要不要嘗試，就請在讀過之後再判斷吧！

聽到洋芋片的聲音後會覺得更加美味
——食物要以五感享用

在英國一家名為「The Fat Duck」的米其林三星餐廳中，有道奇妙的餐點名稱叫做「The Sound of the Sea」。這道餐點的特色，就是會在用粉圓做成的「沙灘」上放上生魚片，而擺設在一旁貝殼中的iPod 會持續播放海浪聲。顧客必須戴上耳機，一邊聆聽海浪聲，一邊享用這道餐點。

這道餐點的開發靈感來自於有項研究指出，當人們聽著海浪聲享用海鮮料理時，會覺得味道更為鮮美。據說有些客人在品嘗之後，甚至因為太過感動而哭了（下次搞不好可以拿超市的生魚片來試試看？……這麼說的話，一定會被專業廚師罵）。

2008 年榮獲搞笑諾貝爾營養學獎的洋芋片相關研究，可以說是這道能讓人感動的菜色的開發原點。牛津大學的查爾斯．史賓斯 (Charles Spence) 教授與馬西米利安諾．贊皮尼 (Massimiliano Zampini) 博士所進行的一項研究發現，當我們吃著洋芋片時，若周圍持續播放清脆的食物咀嚼聲，我們就會覺得洋芋片格外美味。

在進行洋芋片相關的研究之前，史賓斯教授是在進行五感之間是如何相互連動的研究，也曾經參與駕駛汽車時的危險感知訊號系統開發。史賓斯教授在這個系統開發中所負責的項目，是研究如何透過聲音或影像的刺激來有效地通知駕駛即將會發生危險。研究中發現，比起來自側面的聲音，若示警聲來自於後方的話，駕駛更能夠迅速地將注意力集中於前方。這項研究成果後來也被實際運用於某汽車品牌所生產的貨車上。

史賓斯教授在決定進行洋芋片的相關研究時，他其實正在和某間清潔劑公司進行合作研究，發現「若乾燥的雙手摩擦時不容易發出摩擦聲，那麼雙手感覺起來便會比實際更加溼潤」。某一天，他在酒吧看著桌上的洋芋片時，腦袋突然靈光一閃地想到：「洋芋片酥脆的口感是否也是受到聲音的影響呢？」從此，他便開始展開這項讓他榮獲搞笑諾貝爾獎的研究。

研究團隊首先召集了兩百位志願者，並讓每一位志願者個別進入隔音室當中吃品客洋芋片。選擇品客洋芋片的主要原因，是因為該品牌的每一片洋芋片的大小均一，方便進行公正比較。另外，為了防止因為吃的方式不同所帶來的實驗誤差，他們也要求志願者在進行實驗時，只能用門牙咬碎洋芋片。

志願者在進入隔音室時，會面對著麥克風並戴上耳機。麥克風是用來接收志願者吃洋芋片時所發出的聲音，而那些聲音便會透過耳機傳遞到志願者的耳朵當中。也就是說，志願者可以透過耳機聽見自己咬下洋芋片的聲音。在實驗過程中，研究者們會在未告知志願者的情況下，透過電腦來調整耳機所傳出的聲音，例如加大音量，或是特別強化高音域（頻率為 2～20 千赫茲）的聲音。

在進行洋芋片新鮮度與酥脆度的評價研究時，研究團隊發現，即使是相同的洋芋片，只要將耳機中聲音的音量加大，或是將高音域的聲音特別強化後，受試者們就會覺得口感提升了 15%，並且也會覺得洋芋片較為新鮮。換言之，聲音確實能夠改變食物的味道與口感。

除此之外，像是蘋果、芹菜、紅蘿蔔以及蘇打餅乾等口感偏脆且硬的食物，都能透過實驗獲得相同的結果。據說，有其他研究者針對這項發現進行其他測試，將咬下洋芋片的清脆聲變更為玻璃破碎的聲音後，實驗者的雙顎竟然會變得僵硬。

其實除了聽覺以外的其他感官，也同樣會影響我們對食物味道的感知。史賓斯教授之後也致力於透過各種研究，協助食品廠商開發新產品，或是擬定市場行銷戰略，甚至他還曾與知名主廚攜手合作。到目前為止，史賓斯教授所進行過的研究如下：

- 裝在白色容器裡的草莓口味慕絲，吃起來感覺比黑色容器裡的草莓口味慕絲還要甜上 10%。
- 用馬克杯裝的咖啡，喝起來比玻璃杯裝的咖啡還要濃 2 倍左右。
- 將裝優格的容器重量提升 70 公克，食用後的飽腹感也會提升 25%。
- 吃飯時聆聽高音域的音樂，則食物吃起來會感覺比較甜；而聆聽低音域音樂或是管樂器的聲音，則會讓食物吃起來感覺偏苦。
- 人們對於英文字母「k」帶有苦味的印象；對「b」則是帶有甜味的印象。

此外，除了上述的五感之外，用餐時的體驗也會對食物的味道產生影響。在這邊也為各位精選兩個有趣的研究結果。

- 外出用餐時，群體中最早點餐的人，他所選的餐點感覺起來會最為美味。
- 兩個人一起用餐時，食量會比單獨用餐時多出 35%；若是四個人一起聚餐，則食量甚至會多出 75% 之多。

看到這邊，相信大家應該都很清楚，「味道並非是食物的一切」。否則，怎麼會經常聽到有人說：「看起來很難吃，但吃起來卻意外地很美味」？

近來常見的「上相」食物，我認為就是巧妙地運用史賓斯教授的研究結果。我最近也來找個時間，去超市買盒「上相」的生魚片，並且配著海浪聲來享用好了。

救命胸罩
——將兩個救命法寶放在左右兩胸上

在 2009 年的搞笑諾貝爾獎頒獎典禮上，出現過一個詭異的畫面。一群高聲望的諾貝爾獎得主，居然滿臉笑容地將臉埋在螢光粉紅的胸罩當中。

其實這個胸罩在發生意外氣爆或是各種事故時，可是能夠搖身一變，成為救人一命的防毒面具。這項產品的開發動機，就是想要盡可能地降低意外事故對人體所產生的影響。結果將胸罩與防毒面具結合的這個奇葩發明，成功奪得了搞笑諾貝爾獎的公共衛生獎。

這種早在 2007 年就取得專利的胸罩，其前後兩側都有鉤扣，並且能夠分拆成兩個使用。在罩杯當中除了設置有能夠過濾有害物質的濾網之外，還有個能夠在呼吸時幫助排氣的氣閥，穿戴上後可維持正常呼吸超過 15 分鐘以上。當然，除了在危急時刻的救命作用之外，在日常生活當中，也是能夠當成一般的內衣穿戴。

將這種胸罩當成防毒面具使用時，首先要用罩杯完整覆蓋口鼻，接著將側邊的布往後方繞一圈包住頭部，再將前後兩個鉤扣給扣在一起。若罩杯的尺寸太大，就把包覆範圍從鼻子擴大到下巴為止即可。

由於左右兩個罩杯都具備有防毒面具的機能，所以一件胸罩就等於是兩人份的防毒面具。也就是說，當遇到緊急狀況必須使用時，就能像是在搭飛機遇到緊急狀況時戴氧氣面罩那般，自己先戴上防毒面具之後，再幫周圍有需要的人戴上。

發明這種胸罩的人是伊蓮娜．博德納 (Elena Bodnar) 博士。雖然很想吐槽問她為何要做成胸罩的樣子，但其實這背後確實有著一個相當認真的研究契機。

出身自烏克蘭的博德納博士，在發生車諾比核災事故當時，是個在第一線服務的年輕醫師，因此曾經負責急救來自核汙染地區的孩童。博德納博士發現，大部分的核災事故受害者，都是因為吸入破損原子爐所釋放出的放射性粒子，進而造成體內器官受到健康危害。在這次的經驗之後，她不禁在心中想著，難道這個世界上沒有任何人都能簡單使用的防毒面具嗎？據說，她就是從這個時候開始構思，希望打造出任何人都能隨時使用的防毒面具。

博德納博士一直在煩惱，究竟該如何做才能完成自己理想中的防毒面具。就在某一天，一個出現於家中、轉瞬即逝的畫面，讓她順利地突破了瓶頸。當時，她年幼的兒子正坐在地板上把玩著她的胸罩。就在博德納博士看見她的兒子將胸罩蓋在臉上時，便瞬間有了靈感。「每位女性平時都會穿胸罩，而且一件胸罩還能同時當作兩個防毒面具使用」。基於這樣的理由，博德納博士利用胸罩成功製作出了防毒面具的試做樣品。

2001 年發生 911 恐怖攻擊時，博德納博士透過電視看見紐約市民用衣服遮臉逃難的畫面後，便決定將她的構想商品化。因為比起用衣物掩面，配戴上胸罩式防毒面具後，人們就可以在逃命時空出雙手，如此一來，便能夠更靈活地臨機應變各種狀況。

博德納博士在接受採訪時曾經表示：「這項發明並非能夠替代專業的防護裝置，不過在發生危急的狀況時，至少能夠為使用者爭取逃命的寶貴時間。」博德納博士在搞笑諾貝爾獎的頒獎典禮上，還曾經談起開發過程的祕辛：「在製作試做樣品時，我丈夫那關於胸罩鉤扣的『專業知識』確實幫了我大忙。」

在獲得搞笑諾貝爾獎之後，博德納博士發現，胸罩式防毒面具的需求量超乎預想，因此便著手進行量產化。目前該發明已經以「EBbra」這個商品名稱上市，並且在網路上就可以購買得到（截至2022年7月為止，其銷售價格為39.99美金，約為1,200臺幣）。

後續，胸罩式防毒面具還針對第一代產品進行改良，開發出搭載輻射偵測器的升級版本。另外，製造商那邊也提供客製化服務，可以幫忙客人將自己的胸罩改造成防毒面具。

那麼，不能穿胸罩的男性該怎麼辦呢？博德納博士在獲獎時曾經表示：「目前正在為男性開發同類型的產品。」然而直到現在，她似乎還沒有想出什麼特別的點子。因此在短時間內，男性們只能請好心的女性把胸罩的其中一半給自己了。在此建議各位男性，今後可要好好對待身邊的女性喔！

搞笑諾貝爾獎頒獎典禮實錄

「各位，女人擁有兩個乳房，這不是一件很美好的事嗎？我們不僅能夠挽回自己的生命，還能拯救自己的真命天子……（中略）……在使用這項保護裝置時，平均耗時不到25秒。我們其實花5秒就能夠穿戴完成，至於剩下的20秒則是用來煩惱該拯救哪位幸運的男士。」

——伊蓮娜．博德納博士

讓話多者閉嘴的機器
——各國出乎意外的共同煩惱

如果手邊有個能讓話多者安靜下來的機器，那麼生性害羞而無法叫對方「shut up」的日本人，應該會迫不及待地拿去對付許多人吧？

首先是隔壁那位老是廢話說不停的歐巴桑，總是逐一向別人報告陌生人家的經濟狀況或風流韻事，這真的叫人不知道該如何做反應。接著是在聚餐時不斷演獨角戲的人，雖然有時會很慶幸有這種人存在，讓聚會的場子不會冷掉，但若要陪他們聊自己完全沒概念的話題長達數小時，那還真的是會累死人。然後是煩人的上司與上位者，他們總會覺得自己是至高無上的神仙；許多這樣的人甚至會覺得，自己跟對方說話是在施予恩惠；如果是聽者自己開話題就算了，但那種綿延不絕的說教或自滿往事，聽久了實在是不怎麼舒服呢。

——抱歉！我一個人抱怨得太開心了。我是生性害羞的日本人，所以一旦開始抱怨這種事就會停不下來。

2012 年獲頒音響獎的研究者們，開發出了一個劃時代的機器。這臺機器能在極短的時間內將說話者的聲音反彈，進而造成說話者難以繼續正常說話。當我們覺得「不想再聽這個人說話了……」的時候，只要使用這臺機器，就能立即讓對方閉嘴。這臺機器就名為「彈話機(Speech Jammer)」。這個名稱是由英文中的「jam（使事物或話語阻塞）」，以及日文中的「邪魔（jama，意指打擾）」這兩個字所組合變化而來。

在研究論文中，提到該裝置可解決以下兩個問題：

- **在進行辯論時，滔滔不絕地發表言論或是打斷他人發言的人，通常都握有較強的話語權。**
- **在圖書館或電車上這些不適合大聲說話的公共空間中，即便有人大聲說話，也難以制止對方。**

研究者著手開發彈話機時，其實是參考了某個我們身邊常見的原理。當我們在說話時，會根據聽取到自己聲音的狀態來調整說話方式。例如，當周圍過於吵雜而造成自己的聲音難以聽取時，我們就會不由自主地提高音量說話；另外，當我們發現自己說話含糊不清時，便會提醒自己講話時要說得更清楚一點。

在我們的認知當中，「說話時就應該可以同時聽見聲音」，而彈話機就是利用打破這項常識的方式來擾亂說話者。曾經在回音大的講堂上使用麥克風說話的人，以及在線上會議中從對方那邊聽到自己聲音的人，應該都能理解那種感覺。在自己說話時，若是延遲一點時間才聽到自己的聲音，就會變得無法好好說話。

這種以人工的方式使人慢一點聽到聲音的現象，就稱為聲音延宕回饋 (Delayed Auditory Feedback, DAF)。一旦發生聲音延宕回饋，許多人說起話來就會變得支支吾吾，甚至是不斷地說錯話。然而不知為何，這個現象卻能夠有效地改善口吃與說話過快的問題。

彈話機的外觀就像是一支巨大的手槍。研究者將其設計成手槍，是因為他想打造一把「武器」，用來擊倒一切威脅圓滑溝通的壞蛋。只要像使用手槍一般扣下扳機，彈話機就會發揮作用。在接收到說話者的聲音後，搭載於彈話機裡的指向性揚聲器就會在 0.2 秒後，將聲音回彈至對向。而且即便距離目標長達 30 公尺，彈話機也能發揮作用，因此理論上，在大講堂中也能對著演講者偷偷使用。

彈話機（照片來源：栗原教授官網）

令人感到可惜的是，其效果會隨著使用條件不同而改變。研究者利用試做樣品測試「唸新聞稿」以及「單獨隨意說話」這兩種說話模式後，發現對於「唸新聞稿」的影響效果較大。另外，當說話者的音量較大時，會因為能夠清楚聽見自己的聲音，所以影響效果會較小。

任職於津田塾大學，開發出彈話機的栗原一貴 (Kurihara Kazutaka) 教授，原本就著手於開發提升口頭報告能力的建言評估系統。在該系統中，會利用攝影機拍攝客戶的口頭報告過程，並分析報告者說話的速度、停頓的頻率，以及臉面對的方向等條件，最後再提出改善建議。然而栗原教授發現，即便是在系統上提醒客戶「說話速度要放慢」，但執行上依舊有難度。此時他便想到，在口吃治療中經常使用的聲音延宕回饋或許能夠派上用場。也就是說，當初他會發明彈話機，目的是想要打造出能夠強制改變說話速度的機器。

後來栗原教授發現，在面對四、五個第一次見面的人時，自己便會顯得羞於發言；此外，在許多人一起聊天時，話題內容往往會被個性較強勢的人所掌控。對於這些現象，栗原教授感到略為排斥。有一天，他突然靈光乍現——彈話機的構想正好可以讓那種強勢的人溫和地「自滅」。

彈話機的共同開發者——函館未來大學的塚田浩二 (Tsukada Kouji) 助理教授在獲得搞笑諾貝爾獎時，意外得知其實全世界有許多人都有著相同困擾，還因此感到安心許多。

栗原教授目前並沒有將彈話機商品化的計畫。他自己也曾表示過：「從作用原理來看，彈話機的原理相當的單純，只是在收音之後，再延緩一點時間傳出聲音而已。任何有編輯程式經驗的人，都能輕易完成彈話機。」栗原教授在他的個人官網上有公開一個可使用於「Raspberry Pi」的程式，能夠讓這種小型電腦發揮彈話機的功能。有興趣的朋友可以前往他的官網看看。

栗原教授的得獎感言

「人們每天都在煩惱著如何與人溝通，但與其相關的規則、禮儀和訣竅卻是變化無常。只要溝通方式稍微不同，就可能得到完全不同的結果。」

利用雲霄飛車打通尿路結石

——若石頭還小，或許還有嘗試的價值

各位讀者，除了「有趣」、「讓小孩開心」以及「其實很怕，但想在女朋友面前逞英勇」之外，我又發現一個可以鼓勵自己搭雲霄飛車的理由了。

獲頒 2018 年搞笑諾貝爾醫學獎的醫師們發現，搭乘特定類型的雲霄飛車能夠有助於讓小體積的尿路結石通過尿道，排出體外。因此他們倡導：有尿路結石問題的患者可以定期去一趟遊樂園。

投入這項研究的人是大衛．瓦廷格 (David Wartinger) 醫師與馬克．米切爾 (Marc Mitchell) 醫師。他們投入這項研究的契機，來自於瓦廷格醫師的一位患者在春假旅遊中的經歷。該患者從佛羅里達州的迪士尼樂園回家後，便向瓦廷格醫師報告：「醫生！我在搭完巨雷山（迪士尼樂園中的一項雲霄飛車）後，居然掉了一顆結石出來耶！」

從迪士尼官網上可以得知，巨雷山所主打的特色是「急速迴旋、奔馳於荒野礦山的火車」，是人氣相當高的遊樂設施之一。

這位個性謹慎的患者一開始認為，這次排出結石只是一個偶然，因此他又去搭了幾次巨雷山，結果每次搭乘後都會排出新的結石。於是，對此事感興趣的瓦廷格醫師便著手親自實驗。首先，他利用 3D 列印機製作出矽膠製的尿路模型，並且以尿液與三種不同大小的結石重現某位尿路結石患者的腎臟系統。接著，他把模型放進背包中，並且將背包抱在靠腎臟的位置上，連續搭了二十次左右的雲霄飛車。

實驗過程中還有一個小插曲。據說瓦廷格醫師原本是想用牛或豬的腎臟做實驗，但最後因為「似乎不太適合帶著血淋淋的動物器官進入闔家光臨的遊樂園」這個理由而作罷。當然，瓦廷格醫師在進行實驗時，也是有先取得迪士尼樂園的官方許可。在論文的謝詞當中他還有特別寫到：「感謝迪士尼樂園同意讓我在樂園中進行這項研究。」

結果，患者所言不假，腎臟模型中的結石真的掉出來了！瓦廷格醫師還發現，比起坐在前段座位來說，坐在後段座位能夠讓結石更容易地從腎臟移動到尿路。無論結石的體積有多大，坐在前段座位時，結石有 17% 的機率能夠掉出；另一方面，坐在後段座位時，結石掉出的機率居然高達 64%。根據推測，這個現象可能是後段座位的搖晃力道較大所導致。

此外，論文當中還提到，「最理想的狀態是快速、激烈，而且帶有扭動或甩尾式的迴轉，並且不會上下顛倒」。當然，這也是經過實驗才得出的結論。因為瓦廷格醫師除了巨雷山外，還同時試乘過太空山以及史密斯飛船搖滾飛車這些在迪士尼樂園中屬於「恐怖」等級的雲霄飛車，但效果卻都不算太好。

巨雷山是礦山火車主題的雲霄飛車，運行設計上會特別強調抖動感來模仿礦車的顛簸。乘客的身體在搭乘時，會被左右細微地搖動。另一方面，依據瓦廷格醫師的推測，認為太空山這一類的雲霄飛車速度過快，結石在每次加速與減速的重力影響下，反而會固定在相同的地方。瓦廷格醫師也認為，一般來說，時速高於 65 公里就可以見到其效果，但當時速超過 160 公里後，又會因為速度過快而效果降低。

因此，這兩位醫師提出結論：曾經因搭乘雲霄飛車將結石排出體外的患者，建議透過定期搭乘的方式來預防較大的結石形成。研究實驗中發現，在搭乘雲霄飛車時，即使是直徑超過 6 毫米的結石依然有約 1% 的機率能夠排出體外，因此若是直徑低於 6 毫米的結石，都值得嘗試看看用這種方式將其排出。

結石是鈣質與尿酸堆積於尿路時所形成的物質，其大部分的形成原因不明，但可以確定的是，攝取過多的動物性蛋白質，將會提升結石形成的風險。就日本人來說，每七位男性和每十五位女性中，就會有一位曾經發生過尿路結石。

尿路結石並不會造成生命威脅，但當結石在尿路中移動時，卻會引發劇烈的疼痛感。大部分的小結石都只要等待它自然通過尿路並排出體外即可，但有時卻也需要透過手術來取出結石。除手術之外，也能透過體外震波的方式來擊碎體積較大的結石。不過這種治療方式卻也有可能讓結石的殘骸留在腎臟當中，進而形成其他的結石。

正因如此，強烈建議各位在結石變大之前，先衝一波遊樂園吧！

瓦廷格醫師的得獎感言

「這項研究並未普遍受到醫學界所認同。但從我們著手進行研究時，就開始建議患者可以嘗試這個方法，而且成效都算不錯。」

接吻可以有效改善花粉症
——改善夫妻感情與過敏症狀的一石二鳥之計

現今的日本，可以說是了不起的過敏大國。每五個日本人當中，就有一位花粉症患者。如果是計算包含異位性皮膚炎或食物過敏等過敏性疾患來說，則是每兩位日本民眾，就有一人有著某種過敏問題。因為過敏症狀而就醫的日本民眾人數可以說是逐年不斷攀升。沒想到，此時有項「接吻或親密的愛情表現能夠有助於減緩過敏反應」的研究，獲頒了 2015 年的搞笑諾貝爾醫學獎。

先別高興得太早！這裡所提到的接吻，並非是指輕輕的「啾」一下，而是那種一對情侶關在密閉空間中，並且在浪漫的氣氛下持續 30 分鐘的熱吻。

獲獎者是來自大阪的過敏專科醫師——木俣肇 (Kimata Hajime) 醫師。這次搞笑諾貝爾獎委員會針對他過去所進行的三項研究給予了肯定。

木俣醫師最初的實驗對象，是一對因為杉樹花粉或塵蟎過敏而有鼻炎與異位性皮膚炎問題的情侶。這邊有個附帶條件必須特別提一下，就是這對情侶平時並沒有接吻的習慣。在實驗中，木俣醫師讓這對情侶待在房間內，並在播放浪漫音樂的情境下自由接吻 30 分鐘。也就是說，突然讓平時沒接吻習慣的情侶持續接吻 30 分鐘。沒想到這個光想就令人覺得害羞的實驗，居然還真的發揮了效果。木俣醫師在這對情侶接吻前後，以「皮膚針刺試驗」的方式，用針頭將少量致敏因子刺入他們的皮膚中，藉此引發過敏反應來進行比較，結果發現接吻後的過敏反應真的較為減弱。

接著，木俣醫師又請這對情侶在相同條件下再次接吻，只是這次是比較了淋巴球外，淋巴球因應花粉症所產生的「IgE 抗體」量。實驗結果發現，淋巴球所產生的 IgE 抗體量在接吻後有所減少，代表過敏反應確實有所減緩。

不過，這真的是接吻所帶來的效果嗎？為了確認接吻在這個現象中的重要性，於是木俣醫師請這對情侶在相同的條件下，從原本的接吻改成擁抱對方。這次嘗試的結果是，在僅有擁抱的情況下，患者的過敏反應並無特別變化。

從接吻與擁抱兩種嘗試的實驗結果研判，看來似乎是情侶之間愈親密的行為愈有效果。因此在之後的實驗中，木俣醫師甚至還測試了性行為的效果。

這項實驗是由醫師、護理師協同各自的伴侶所進行。在實驗展開之前，木俣醫師指導受驗者如何進行皮膚針刺試驗，以便比較「辦事」前後的皮膚反應。由於每個人的性行為模式不同，因此木俣醫師僅有大致指定行為過程，以及指定實驗時間為 20 分鐘。實驗結果發現，對杉樹花粉及塵蟎過敏的人，其過敏反應在性行為之後也會較為減弱。

主持這項研究的木俣醫師，長期以來皆投身參與在過敏的相關治療當中。過去他一直在摸索，希望能夠找出一個不依賴類固醇，只依靠人體原有自癒能力來治療過敏的方法。在過去的研究當中，木俣醫師發現在嬰幼兒時期（出生滿6～18個月）暴露於強大壓力下的孩童，會變得容易罹患異位性皮膚炎。此外，木俣醫師也發現，在接觸壓力的條件下，異位性皮膚炎患者的過敏反應會更加強烈。因此，木俣醫師將研究的焦點鎖定在放鬆身心的效果。

木俣醫師曾在過去發表的研究結果中指出，人們在聽過莫札特音樂後的放鬆狀態下，以及看過卓別林電影的爆笑情緒之後，都能讓患者的過敏反應緩解。後來，木俣醫師想著：有沒有其他令人放鬆且開心的狀態可以幫助患者緩解過敏反應呢……？對於這個問題，木俣醫師認為接吻的可能性很高，因此才會著手進行這項研究。

木俣醫師一直以來的理念就是，過敏的治療不應該只是依賴藥物，而是要喚醒人體內的自癒能力。他凡事以患者為優先考量，並從異想天開的觀點來追求改善症狀的方法。有這樣的專家存在，對於我這種深受花粉症所苦的患者來說，絕對是令人感到開心的事。

節錄自「搞笑諾貝爾獎世界展[1]」

「人類與生俱來的『自然治癒力』，可透過『豐富的感情』來加以提升。能在充滿愛情的幸福時光中療癒伴侶的能力，是『情感豐富者』才具備的治癒力。」

——木俣肇醫師

---

❶ 第一屆搞笑諾貝爾獎世界展的展期為 2018 年 9 月 22 日～11 月 4 日，舉辦於 Gallery AaMo。而在 2022 年，又再度於臺北和日本大阪舉辦。

若想讓胎兒聽音樂，就得在陰道播放

——「胎教」也出現驚人的進化

近來相當盛行「胎教」，許多孕婦會播放音樂，或是唸繪本故事給肚子裡的胎兒聽。這些行為主要的目的，就是希望給予胎兒更多的刺激，幫助他們於出生之後，在情感與智力兩方面能夠順利發育。

關於胎教對於胎兒發育是否有益，其實是眾說紛紜。但即便如此，依舊有不少新手爸媽會將耳機罩在孕婦的肚子上，或是將音樂腰帶纏在孕婦身上。當然，也有人會以更有創意的方式來施行胎教——沒錯，有些人認為胎教離胎兒愈近愈好，因此就將音源放入「陰道」當中。

以瑪麗莎．洛佩斯－特喬 (Marisa López-Teijón) 醫師為首的西班牙不孕症治療醫院的醫師們，正是提出這個創意的團隊。他們認為，「若無法從陰道中播放音樂，胎兒就會無法聽清楚」，因此便大膽地開發出能夠放進陰道，專屬於胎兒的音樂播放器。這項發明也於 2017 年獲頒了搞笑諾貝爾婦產科學獎。

嚴格來說，這個音樂播放器比較像是「音樂衛生棉條」。使用時，是將一個圓圓的粉紅色小型播放器放入陰道當中。因為發明當時還沒辦法透過藍牙連線，因此使用時會有音源線「垂在」陰道外（因此才會說它像是衛生棉條）。在播放音樂時，要先將陰道外的音源線插在智慧型手機的耳機孔，接著下載軟體並選擇要播放的音樂。若父母想跟胎兒一同欣賞音樂，則只需要將耳機接在音源線的轉接頭即可。

這款音樂播放器的音量最大可調高至 54 分貝（該音量接近於在耳邊講悄悄話的聲音，或是咖啡廳所播放的音樂），一般建議一次的播放時間為 10～20 分鐘。目前這款被開發商命名為「Babypod」的商品，已取得專利以及美國食品藥物管理局 (FDA) 的證照，並且可以用 150 歐元（約 4,500 臺幣）的價格購得，而且好像也能郵寄至臺灣。

在這項商品的開發研究中發現，胎兒從第十六週開始會對聲音有所反應。據說胎兒聽到音樂時，會像是沉浸在「一人卡拉 OK」的環境中般，嘴巴與舌頭會配合來自陰道的音樂節奏而出現明顯地活動。

研究團隊也利用 3D 超音波來觀察胎兒的立體影像。實驗分為兩組，分別是透過陰道播放音樂的實驗組，以及透過將耳機放置於腹部撥放音樂的對照組。結果發現，在前者實驗中，有九成的胎兒會活動嘴巴或舌頭；而在後者實驗中，即使播放了音樂，胎兒的臉部卻依然沒有明顯變化。針對這個結果，特喬醫師表示：「透過放在腹部的耳機所播放的聲音在傳到胎兒耳朵前，必須先穿過脂肪、好幾個膜層組織以及羊水，因此聲音會遭到吸收而減弱。」此外，研究也發現，隨著懷孕週數愈長，胎兒對於音樂所產生的口舌活動也會愈發活躍。

在進行這項研究之後，研究團隊還更深入地調查了胎兒喜歡的音樂類型。在比較過古典樂、流行樂、搖滾樂以及各國傳統音樂之後，發現最受胎兒青睞的音樂是莫札特的〈小夜曲〉(*Eine Kleine Nachtmusik*)。聽到這首音樂時，超過九成的胎兒會活動口舌。整體來說，胎兒對古典樂的反應都不錯，無論是巴哈或是史特勞斯的樂曲，都能讓八成以上的胎兒出現口舌活動。

另一方面，胎兒似乎不怎麼喜歡流行樂，平均僅有 59% 的胎兒會有反應。不過，皇后樂團的〈波西米亞狂想曲〉卻是個例外，測試結果居然跟莫札特的樂曲一樣，有九成以上的胎兒在聽過之後，會出現活動口舌的反應。看樣子，佛萊迪．墨裘瑞可以說是深受各世代喜愛的主唱呢！

在各國的「傳統音樂」方面，日本獲選參與測試的音樂為坂本龍一的〈*KIZUNA–prayer for Japan–*〉，結果大約有八成多一點的胎兒對此音樂有所反應。這表示胎兒似乎也相當喜歡坂本龍一的音樂呢！

不過，胎兒聽到音樂時的反應，也有可能不是因為高興，而是出自於感到厭惡的反抗。關於這個部分的謎團還尚未有解答，目前我們只能瞭解胎兒對於哪些音樂會產生反應而已。

聽莫札特的音樂後，腦袋真的會變好嗎？

約莫在二十年前，「莫札特效果」在日本紅極一時。當時眾人深信，孩童在聽過莫札特的音樂後會變得更聰明，或是聽過莫札特音樂後的牛能夠產出更優質的牛奶，因此造成當時的日本人爆買莫札特的音樂 CD。

令人大感意外的是，在莫札特效果的原始研究中，根本就沒有提到與孩童相關的內容。原始研究的實驗對象是三十六名大學生，而該實驗所得到的結果則顯示，聽過莫札特的音樂後可以提升空間辨識能力。這邊所謂的空間辨識能力，是一種「將折紙展開後，預測紙上折線狀態」的能力。在這項研究當中，完全沒有提到腦袋會變好這回事。在這之後，相關研究仍在持續進行中，並發現音樂提升大腦空間辨識能力的效果只是暫時性的，而且莫札特之外的其他音樂也具備有相同效果。

孩童智力發展與莫札特音樂畫上等號的現象，起始於英國一項針對八千名兒童的研究。當時研究團隊讓孩童聆聽了各種不同類型的音樂，結果發現在聽過莫札特的樂曲之後，孩童的空間辨識能力也會有暫時地提升。但其實在本實驗中，孩童們在聆聽熟悉的流行樂之後，所獲得的成效更佳。

總結來說，似乎是聆聽到自己所喜歡的音樂之後，會有最佳的空間辨識能力提升效果，並不是一定要聽莫札特的音樂啦！

如何在走路時不使咖啡外濺
——但聽說不怎麼實用

全球的商業產能，全靠咖啡獨撐大局……有不少人的早晨都需要借由一杯咖啡來開機，因此不禁會令人發出如此的感嘆。尤其是在歐美常會聽到有人開玩笑地說：「我因為太努力工作，所以不小心喝了太多咖啡。」

如此貼近我們生活的咖啡，就是榮獲 2017 年搞笑諾貝爾流體力學獎的研究主題。這項研究透過流體力學的觀點，分析咖啡是如何飛濺出咖啡杯之外的，還提出了不容易讓咖啡向外潑灑的拿法及走路方式。這項研究的得獎者是韓志苑 (Jiwon Han)。韓先生從高中時就開始展開這項研究，並且於維吉尼亞大學就讀時榮獲此獎項。

在這項研究實驗中，他將咖啡放入馬克杯與紅酒杯當中，並且透過特殊裝置來模擬人類步行時所產生的振動特徵。實驗結果發現，裝在紅酒杯中的咖啡僅有表面會出現些微的波浪，但裝在馬克杯中的咖啡卻會劇烈地晃動。由此可見，咖啡之所以會從咖啡杯中往外飛濺，似乎是與使用圓柱形容器有關係。但……一般人就算知道這件事，應該也不會想要用紅酒杯來喝咖啡吧？於是韓先生便在論文中提出了一些不讓咖啡濺出杯外的新奇點子。

首先，是用抓住杯子上端的方式來端咖啡杯，韓先生稱這種方式為「鉤爪式 (claw-hand positive)」。韓先生表示，用這種方式端杯子的話，咖啡會較不容易因為拍打杯子內壁而向外飛濺。此外，韓先生也解釋道，如果在杯底鋪滿試管，或是像拿鐵咖啡一般在表面加上一層泡泡的話，都能有效防止咖啡外濺。

然而最重要的是，韓先生透過精密地計算發現，在倒退走路的狀態下，咖啡會更不容易外濺。當走路的方式改變時，我們手部的活動方式也會自然而然地不同，而將振動傳導至杯子的特徵也會出現變化。就結論而言，這也代表著咖啡表面的波動方式改變了。

為了防止咖啡外濺，倒退走路的確是個好方法。然而在現實世界中，周遭環境裡有太多的障礙物，用這種方式走路很有可能會被絆倒。另外，如果有同事也以倒退走路的方式端咖啡，那就很有可能因為背撞背而導致咖啡外濺。

究竟這個方法是否實用，韓先生在頒獎典禮上如此斷言：「相信有許多人對這個方法的實用性抱持質疑，其實這個方法一點也不實用。畢竟，這個世界上早就已經出現不讓咖啡外濺的杯子了。」

不過，韓先生在這項研究中似乎有了其他的重大收穫：「在這項研究中，我得到一個重大的啟發，那就是研究與年齡或智力無關，能喝多少咖啡（意指是否能夠堅持下來持續研究）才是重點。我發現只要喝下許多咖啡，再加上一點點倒楣運，就能來到波士頓（頒獎典禮會場）了。」

完全沒有實用性？其實並不然

雖然韓先生本人都斷言這項研究在現實生活中不具實用性，但研究中所發現的原理，事實上卻與海上安全息息相關。韓先生在接受維吉尼亞大學的校內新聞採訪（2017 年）時，曾經以石油貨輪為例，說明人類步行時所產生的振動，與海浪的振動存在著類似的特徵。

「在人們走路時，咖啡表面會出現波浪；在海上航行時，貨輪中的石油液體表面也會產生波浪。咖啡濺出杯外當然只是我們日常生活中常見的小事，但貨輪中的石油一旦外濺，就會發生不得了的大事。如同將咖啡裝在紅酒杯與馬克杯的實驗結果所顯示，若想防止石油外濺，就得將貨櫃中的石油分裝在更小的容器當中。」

另一項關於咖啡的研究

2012 年的搞笑諾貝爾流體力學獎同樣是頒發給與咖啡相關的研究，這篇研究論文也是韓先生在著手展開研究時的參考文獻之一。這項研究是在考察，於各種咖啡杯大小、步行速度，以及咖啡杯內盛裝的咖啡量等條件下，咖啡濺出杯外的狀況。

從流體力學的觀點來看，若不希望咖啡濺出杯外，最好的方式就是放慢走路的速度，或是別讓咖啡表面距離杯緣的高度少於 1 公分。

還有另一項關於咖啡的研究

負責評選得獎作品的搞笑諾貝爾獎委員會究竟是有多喜歡咖啡呢？在 1995 年時，還有一項與咖啡相關的研究獲獎。這項研究不僅將「世界最貴的咖啡」——麝香貓咖啡推上國際舞臺，還因此獲得了搞笑諾貝爾營養學獎。

棲息於印尼的麝香貓會吃下咖啡果實，但因為其中的咖啡豆種子無法被消化，所以又會隨著糞便排出體外。而人們在收集了麝香貓糞便中的咖啡豆之後，再經過一番烘焙，就能完成麝香貓咖啡。咖啡豆在麝香貓體內雖然不會被消化，但會因為裡頭的一種蛋白質發生變性，而產生相當獨特且濃郁的香氣。但這種美味咖啡也要價不菲，一杯的價格居然超過 1,000 元臺幣。

為了生產出更多的麝香貓咖啡，近年來有些生產者甚至只餵食麝香貓吃咖啡豆。從保護動物的觀點來看，這絕對是個值得重視的問題。

改善打鼾的樂器
——只要勤加練習，就會有成效？

噗咿噗咿、啵喲喲～～～嗯。

……這個神祕的聲響，正是來自深具魅力的迪吉里杜管(Didgeridoo)。這是一種澳洲原住民所使用的樂器，主要是用那些被白蟻啃蝕成空洞狀態的尤加利樹所製成。根據 2017 年搞笑諾貝爾和平獎得主的論文顯示，這種樂器似乎能夠有效地治療打鼾或是睡眠呼吸中止症。

迪吉里杜管

睡眠呼吸中止症是一種造成睡眠時呼吸中斷的疾病，病因主要是肥胖引起上呼吸道變狹窄，導致呼吸道受到阻塞所致。在日本，約有 3～7% 的成年男性及 2～5% 的成年女性罹患此疾病，其中又以四、五十歲的男性尤其常見。一旦罹患睡眠呼吸中止症，患者就會出現強烈的打鼾聲，或是因為夜間睡眠品質不佳，造成白天精神不濟，嚴重者甚至還會因為打瞌睡而引發車禍或職業災害。另外，部分重症患者在就寢時，還需要透過大型儀器來協助支撐呼吸道。

從事這項研究的亞歷克斯．蘇亞雷斯 (Alex Suarez) 先生，在十五年前也是深受這些症狀所苦。

在瑞士接受專門放鬆訓練的蘇亞雷斯先生，在當時非常討厭一般的睡眠呼吸中止症治療。他覺得，睡覺時要配戴特殊裝置很麻煩，而且他的太太也會受到儀器干擾而睡不好，因此他與主治醫師商量，詢問是否有其他的治療方式。後來他在偶然之下，看見朋友在吹奏迪吉里杜管的模樣，便推測吹奏該樂器或許能夠訓練到那些睡覺時會變鬆弛而下垂的口咽肌肉。

蘇亞雷斯先生後來也因為迷上了迪吉里杜管而每天勤加練習吹奏，沒想到一陣子之後居然意外地發現，他的打鼾及白天昏昏欲睡的症狀真的獲得改善了。蘇黎世大學的米洛．普漢 (Milo Puhan) 教授在聽到這件事之後，便與蘇亞雷斯先生計劃透過實驗來調查迪吉里杜管對於睡眠呼吸中止症的改善效果。

這項計畫的研究對象是二十五位罹患中度睡眠呼吸中止症的患者，每一位患者都深受打鼾問題所苦，因此才會協助進行這項實驗。普漢教授請所有志願者在未來的四個月之內，每週吹奏五次迪吉里杜管。在實驗開始後，每位志願者都能收到一支初學者專用的塑膠製迪吉里杜管，並在接受四次指導課程之後，便開始在家自主練習，每次吹奏的時間為 20 分鐘。

不知道是不是這批志願者特別認真，原本要求他們每週吹奏五次即可，但平均每個人每週的練習天數卻高達六天。在連續吹奏迪吉里杜管四個月之後，症狀改善的效果表現得相當明顯。不僅志願者們主觀覺得白天感到昏昏欲睡的問題（評估睡眠呼吸中止症嚴重程度的指標之一）都得到改善，而且從志願者的配偶或伴侶的客觀角度來看，也都認為志願者的打鼾問題有所改善。

有人可能會好奇，為什麼這項研究不是獲選醫學獎，而是奪下和平獎呢？這是因為那些被如雷鼾聲吵得難以入眠的患者伴侶們，終於能夠獲得一夜好眠，因此也能夠重拾往日那安穩家庭生活的關係。

那麼，為何吹奏迪吉里杜管能夠有效改善睡眠呼吸中止症呢？

研究者認為，吹奏迪吉里杜管的練習，的確能夠有效鍛鍊那些幫助上呼吸道開合的肌肉，但透過吹奏樂器時所練習的「循環式呼吸」，才是最具效果的原因。所謂循環式呼吸，是指吹奏樂器時，在嘴巴吐氣的同時也用鼻子進行吸氣的吹奏法。若是透過這個方法吹奏樂器，聲音便不會因為換氣而中斷。

這種吹奏方式並不常見於古典樂，但迪吉里杜管這種民族樂器卻經常使用這種方式吹奏。嚴格來說，在使用循環式呼吸法吹奏樂器時，必須在吸氣前盡量保留口腔中的空氣，並在吐出口腔內空氣的過程中，透過鼻子一口氣吸入空氣。這是一種相當需要訣竅的樂器吹奏法。最經典的練習方式就是將水倒入玻璃杯中，並用吸管將空氣吹入水中。相信應該不是只有我因為不斷練習失敗而嗆到，甚至水還逆流到了鼻腔當中（希望啦）。

研究者們推測，正是因為循環式呼吸對於呼吸道整體的肌肉發揮了鍛鍊的作用，因此患者的症狀才會有所改善。

後來有其他團隊進行相關的研究，發現吹奏雙簧管或巴松管這些雙簧片樂器（管樂器中有兩片發音裝置「簧片」的樂器類型）也能發揮相同的效果。比起其他樂器的演奏者，雙簧片樂器吹奏者罹患睡眠呼吸中止症的風險相對低上許多。不過專家認為，這項實驗結果仍需透過更多大規模地研究來驗證，因此還是建議患者接受正規的治療。

事實上，就寢時配戴儀器的傳統正規治療效果也確實略高於迪吉里杜管的吹奏訓練效果。不過，有不少患者跟蘇亞雷斯先生一樣，對於正規治療感到排斥。普漢教授認為，對於這樣的患者而言，確實需要透過吹奏迪吉里杜管的方式來提升患者接受治療的意願。

迪吉里杜管已經存在超過千年以上了，堪稱是世上最古老的管樂器。據說該樂器最早是由男性於祭壇上吹奏，用來與神靈進行溝通。相信澳洲原住民的太太們，應該都不會被丈夫的打鼾聲吵得無法入眠。

後續發展

蘇亞雷斯先生活用他的個人經驗，開發出了能夠改善打鼾問題及睡眠呼吸中止症的特製迪吉里杜管，並將其命名為「斯納杜 (Snadoo)」。

斯納杜的體積較小，而且發出的聲音也較小，因此吹奏起來不會像正統的迪吉里杜管那麼擾鄰。據說還能搭配專用的手機 App 使用，吹奏起來就像是在玩遊戲一般。

使用哇沙米做的火災警報器
——拯救人命的劃時代發明

哇沙米可不僅能夠用在壽司上。近年來，哇沙米隨著壽司風潮紅遍全球，那股獨特的嗆鼻刺激感不只能夠為料理增添辛辣口感與香氣，甚至還能喚醒熟睡的人。

有個研究團隊分析出了能夠喚醒熟睡中人們的最佳哇沙米濃度，還開發出了能夠在火災發生時噴射出哇沙米成分，並藉此來提醒人們提高警覺與逃生的警報裝置，而該團隊也在 2011 年獲頒了搞笑諾貝爾化學獎。目前這項發明已經取得了專利，它是由一般火災警報器與內部含有哇沙米成分之液體的噴霧噴射器所構成。當火災警報器感測到發生火災時，便會傳送訊號至噴射器，並持續噴射含哇沙米成分的噴霧約 20 秒。若以 3～4.5 坪的空間來說，這段時間就足以讓整個空間充滿哇沙米那嗆人的氣味。

對於平時就經常因為不小心吃到哇沙米而嗆到流淚的我們來說，這項日本味十足的研究實在令人不禁莞爾一笑，但卻能感受到研究團隊想貢獻社會的熱情。其實這項警報裝置，是專為聽不見聲音的聽障人士所開發的火災警報器。

參與這項開發計畫的人包括：香氛行銷協會的田島幸信 (Tajima Yukinobu) 理事長、滋賀醫科大學講師今井真 (Imai Makoto) 博士，以及新創企業 SEEMS 的漆畑直樹 (Urushihara Naoki) 社長（皆為獲獎當時之職稱別）。該團隊一開始是打算利用香氛來開發資訊傳遞技術。包括手機通知以及大眾廣告在內，幾乎所有的資訊都是透過視覺或聽覺來傳遞，但難道嗅覺就沒辦法傳遞資訊嗎？為了探究這個問題，他們便將研究重點鎖定在「嗅覺傳訊的可能性」。

在進行香氛的實用性調查後，該團隊注意到，這個領域對於視障與聽障人士是有需求的。尤其是對於聽障人士而言，有不少人會擔心睡覺時遇到火災。若是外宿時，更是擔心自己若在睡覺時遇到火災，會因為聽不見警報聲而來不及逃生。有些飯店甚至還會因為聽障人士無法聽到警報聲，基於安全管理原因而拒絕他們投宿。因此，該團隊便著手開發能夠利用香氛作為警報的裝置來解決這個問題。然而在一開始時，團隊成員並不知道應該選擇哪一種香味比較適合，因此在香味的選擇上卡關許久。

一開始的香味選擇方向是「既然要喚醒睡覺的人，就要選擇能夠令人聯想到天亮的香味」，因此團隊陸續嘗試使用了麵包、咖啡以及味噌湯的香味，不過這些香味皆無法讓受試者醒過來。後來，團隊也嘗試使用了薄荷，但沒想到這個香味反而會令人感到舒服，因此也沒有任何受試者因為薄荷的香味醒來。順帶一提，像腐敗的雞蛋這種臭味也同樣無法喚醒睡覺的人。

照這個情勢看來，似乎沒有什麼味道可以阻止人類睡覺了！然而就在某一天，研究團隊一舉突破了盲點。田島理事長回憶：「因為工作需要買了哇沙米味道的抗菌劑，出於好奇便聞了一下，發現該氣味具有強烈的刺激性，這讓我靈光乍現，或許我們也可以將哇沙米作為材料試試看。結果在首次實驗中，受測者就被順利喚醒了，並且表示『被嚇得雙手直冒汗』。從這一刻起，研究團隊便確信哇沙米具有實際的效果。」另外，哇沙米的成分比空氣還重，當被噴灑到空氣中後便會自然往下落，因此最適合用於躺在床上睡覺的人。

研究團隊後來發現，除了氣味的選擇之外，傳遞氣味的方法又是另一個難題。一開始，團隊原本打算採用也被使用於安全氣囊的火藥來幫助釋放哇沙米氣味，但從成本面與技術面來看，卻有著相當高的難度。另外，哇沙米成分十分容易汽化，因此保存時需裝在能夠長時間維持穩定品質的容器當中。最後，他們發現噴霧是最適合的型式。

好不容易完成哇沙米噴霧後，研究團隊便馬上將其投入在實驗中。結果發現，除了鼻塞的人以外，所有的受測者皆在 1～2 分鐘之內醒來。在特定的睡眠深度之下的聽障者，醒來所需的時間甚至大約只有一般人的一半（聽障者：21 秒；一般人：45 秒）。

嚴格來說，其實哇沙米的氣味並不會帶來嗅覺刺激，而是會引發痛覺。聽障者的反應速度之所以會比一般人還快，據推測很有可能是因為那些從小就有聽障問題的人，大腦中原本處理聲音資訊的部分轉換為處理痛覺的關係，使得他們對於痛覺的敏感度比一般人來得高，因此對於哇沙米氣味所帶來的痛覺刺激會更快有反應。研究團隊所分析出來的最佳濃度為每 1 公升噴霧液體中含有 3.5～20 毫升的哇沙米，這是刺激性相當強烈的濃度，因此研究團隊也建議，若要在抗議現場使用時，千萬不要直接吸入噴霧。

在搞笑諾貝爾獎的頒獎典禮上，今井博士表示：「多虧實驗室中那些被刺激噴霧搞得咳嗽、噴淚的受測者們，我才能獲頒這個獎項。我相當感謝勇氣十足的他們。」當時，今井博士在現場還提出了一些這個裝置的實用性範例，並將哇沙米噴霧噴到壽司與蕎麥麵上，把會場上的人們逗得開懷大笑……不知道吃起來的味道如何？

|專欄|

從屁股喝的便便奶昔

如同器官移植一般，有一種療法稱為「糞便移植」。沒錯，就是將別人的便便放到自己的腸道之中。該療法通常被用於治療「困難梭狀桿菌 (*Clostridium difficile*)」所引起的重度腸炎，在現今的美國，這也是一種備受注目的新療法。

在移植糞便時，必須先將糞便與生理食鹽水混合攪拌成奶昔狀之後，再從肛門移植至患者的腸道之中。雖然沒有人會直接用喝的，但確實有時候醫師會透過導管，從患者嘴巴進行糞便移植。希望正在看這本書的你，此時並不是正在喝巧克力奶昔。

感染困難梭狀桿菌時，患者很容易會因為服用過多的抗生素而使得腸道菌叢（腸內細菌環境）失去平衡。由於受感染的重症患者並沒有比投以大量抗生素更好的治療方式，因此過去總有些患者會不幸死亡。透過這項療法——將健康人士的糞便移植至體內之後，就能同時將糞便中所含的細菌也移植至患者腸道內，如此一來就能讓腸道菌叢恢復至健康狀態。

根據研究資料顯示，美國約有 80～90% 接受過糞便移植的患者，只接受一次治療，腸炎就順利治癒了。在接受糞便移植時，雖然能夠從糞便銀行選擇合適的捐贈者，但若是不想使用陌生人的糞便，也可以請家人或朋友捐贈糞便。在糞便移植的技術黎明期，據說有人是在家用果汁機 DIY 製作便便奶昔呢！

雖然日本目前並沒有糞便銀行，而且糞便移植也尚未列入健保適用範圍，但已經有部分醫療院所正在進行臨床實驗。

「糞便移植」是個相當值得注目的新療法。即使便便奶昔可能引發其他感染症狀，但今後的發展依舊備受期待。

Part 2

怪怪大發現

與眾不同的搞笑諾貝爾獎

許多日本小學生都曾經做過一項名為「自由研究」的暑假作業，有些人覺得自由研究超有趣，但有些人卻覺得做起來超痛苦。我自己就是屬於後者。我總是在開學前三天，才哭哭啼啼地拜託媽媽幫我擬定「研究計畫」。

對於這件事，我一直抱著相當強烈的罪惡感。不過我在長大之後，意外發現幾乎所有小孩都是在父母的協助下完成自由研究，這個事實帶給我的震驚程度，就跟我知道世界上沒有聖誕老人的存在是相當的。過去的我究竟為何要有罪惡感呢？

那麼，如果讓執行「自由研究」的對象從日本的小學生改為專家們的話，究竟會發生什麼事呢？想當然耳，專家們肯定會提出認真的研究成果呀！

在這一章當中，將會介紹以下研究：

- 「升遷員工時，最好是隨機進行挑選」（第 44 頁）
- 「葡萄酒專家令人驚訝的能力」（第 51 頁）

除此之外，本章當中也同時收錄了一些令人搞不懂目的的研究，但事實上，每個研究的背後都有著一段認真的故事。接下來，就請各位一起來看看這八個怪怪的發現吧！

五歲幼兒每天會流 500 毫升的口水
——長大後會增加更多

沒完沒了地被弄溼衣服、每次外出都要準備一大堆換洗衣物、一旦忘記立即清洗就會留下黃色汙漬的居家布類製品。幼兒那宛如洪水般的口水，總是讓所有的父母感到頭痛。

雖然幼兒的口水帶來許多麻煩，但卻能夠幫助他們調節口腔內部的 pH 值[1]，並且發揮維持口腔健康的功能。探索五歲幼兒每天平均會流多少口水的研究，在 2019 年時獲頒了搞笑諾貝爾化學獎。

獲頒此獎項的渡部茂 (Watanabe Shigeru) 教授，在頒獎典禮上向所有觀眾展示一個裝滿液體的寶特瓶。他表示，該寶特瓶裡面裝的液體，正是五歲幼兒一天所流的口水。也就是說，五歲幼兒每天平均會流 500 毫升左右的口水。

這是一項約在二十五年前所進行的研究。當時，兒童蛀牙的問題相當嚴重，專家們甚至以「災難級蛀牙問題」來形容兒童蛀牙的嚴重程度。當時人們已經知道，唾液能夠中和那些會傷害牙齒的酸性物質，並藉此發揮保護牙齒的功能。然而，人們對於唾液的瞭解並不多，因此才會著手進行這項研究。

---

❶ pH 值為標示酸、鹼性程度的指標數值。

由於本項研究的對象是三十名五歲的幼稚園幼兒（男女各十五人），因此執行起來並不算順利。渡部教授表示，他可是花了四年的時間反覆進行單調作業，最後才順利收集到所有數據。

首先，研究團隊讓受試的幼兒們仔細地咀嚼蘋果、德式香腸以及餅乾等六種常吃的食物，並在「準備吞嚥下肚」的時間點，將食物及口水都吐到紙杯當中。在反覆進行這項作業，比較過咀嚼前的食物與咀嚼過含有唾液的食物後，便可以計算出唾液量。這種「反覆作業」聽起來雖然單調又簡單，但有些幼兒會不小心將食物吞下肚，或是不依照指示進行實驗，甚至是無法完全將食物吐到紙杯當中。實驗過程中可以說是大小問題不斷，必須不斷地重新進行。

由於每位幼兒每次放入口中的食物分量以及咀嚼的時間都不盡相同，因此研究團隊的成員們針對每一位受試幼兒的癖好與習慣均有先進行詳細地瞭解，並且針對不同幼兒擬定「你一口飯的分量是10公克，要咀嚼35秒之後再吐到紙杯裡喔！」、「你一口飯的分量是7公克，要咀嚼25秒後再吐出來喔！」等容易遵從的客製化指令。就像這樣子，研究團隊設計出了計算單口食物回收率的公式，若得出的回收率低於90%，那麼實驗就必須重新進行。

渡部教授在回顧實驗時說道：「我總是在進行日常的診療時物色聰明的孩子，請他們協助進行實驗。因為都是年紀小的幼兒，所以都會有父母陪同。由於每次的實驗時間都較長，而且需要進行好幾次，執行起來真的很累人。後來我甚至還找了我兒子和他的朋友一起來幫忙。在實驗過程中，也經常有許多孩子會失去耐性，使得實驗無法順利進行。而且像是接送幼兒回家、每場實驗用來獎勵幼兒的獎品，也都相當耗費人力及物力。另外，由於回收率這項實驗數據是透過原本的食物重量，以及將幼兒咀嚼後吐出的食塊進行乾燥後得出的重量計算而來，因此每次實驗後，還要將食塊放到 80 ℃ 的乾燥機中烘烤大約 7～8 小時之久，可以說是相當耗時。」

將這項研究的實驗結果加上實驗對象每天的飲食時間，再納入先行研究中所求出的靜止時與睡眠時的唾液分泌量之後，最後便得出了幼兒每天的唾液分泌量為 500 毫升。這項研究能夠完成，除了研究團隊之外，也要非常感謝那些在午餐時間進行記錄的幼兒園老師，以及在家為幼兒記錄用餐及吃零食狀況的爸爸與媽媽們的努力。

當年曾經參與實驗的渡部教授的兒子，居然還在搞笑諾貝爾獎的頒獎典禮上，當場將咀嚼後的香蕉吐出來……藉此重現數十年前進行實驗時的光景。

或許有些人會認為，一個寶特瓶的口水量未免也太多了吧！但事實上，成人的口水分泌量可是比這個還要更多一些。

渡部教授表示：「由於只要持續給予刺激，唾液就會源源不絕地分泌，所以只要刺激的時間（進食的時間）較長，唾液的分泌量也就會較多。成人（受試者為曼尼托巴大學的學生）在平日的平均飲食時間大約為每日 54 分鐘左右；另一方面，這次參與實驗的幼兒的平均用餐時間則是每日 80.8 分鐘。相較之下，幼兒的用餐時間比成人還多出 26 分鐘。但由於幼兒的唾腺比成人小，因此唾液的分泌量也會較少。兩項因素總結下來，相對於成人每日約540毫升的唾液分泌量，幼兒的唾液分泌量還是略少一些，約為 500 毫升。」

時至今日，人們對於唾液的瞭解已經愈來愈多了。舉例來說，最近人們發現，厚度約為 0.1 毫米的唾液薄膜，不僅在口腔中能夠發揮清除髒汙的功能，還能夠在攝取柳橙汁等會讓口腔環境變成酸性的食物時，於 2～3 秒內中和酸性物質，讓口腔回復成 pH 7 的中性環境。

在日本，原本患有蛀牙問題的幼兒比例多達半數，但在這些研究的持續累積之下，目前已經下降至 30～40%。不過對於各位父母來說，改善蛀牙問題應該不是重點，幼兒們至今仍持續不斷流口水的現象才至關重要。相信這本書，應該也會在某個時刻遭到幼兒口水的攻擊吧？

渡部教授的得獎感言

「明明是個平凡無奇的研究，沒想到竟然能受到審查委員們的青睞。這篇論文是在 1995 年問世，而審查委員們應該是在 2019 年時注意到的吧？這中間足足相隔了二十五年。這說明著，你永遠不知道人生會發生什麼事情。搞笑諾貝爾獎的精髓為『Laugh and Think』，而我希望今後這個領域——也就是唾液研究——能讓搞笑諾貝爾獎多加一個名為『and Shine』（備受關注）的新精髓。」

另一個唾液研究

在 2018 年時，也有一項唾液研究獲頒搞笑諾貝爾化學獎。這是一項由葡萄牙研究團隊所主持，探索唾液是否能夠作為清潔劑的研究。專門修復與保管古老藝術作品的他們注意到，人們在生活中的不同場合下，均有會利用口水將物品清潔乾淨的現象。據說在保管藝術品時，就經常會為了避免傷害脆弱的作品，所以用口水取代化學藥品來進行擦拭。

後來經過研究後發現，唾液中真的含有具備潔淨作用的酵素，可用於清潔畫作、雕刻以及上過漆的木材。不過，唾液似乎不適合用來清潔廚房的汙漬。

升遷員工時，最好是隨機進行挑選
——有能力的基層員工，不見得能成為有能力的上司

不曉得你有沒有聽說過「彼得原理」？這是一種關於勞工組織的法則，在 1960 年代被廣為提倡。若你常會疑惑著「為何那種廢材能升遷往上爬」，那你應該就能夠理解彼得原理。

許多優秀人材最後都會變成廢材管理階層，關於這樣的組織構造，彼得原理是這樣解釋的：在有階級制度的組織當中，優秀者通常會受到提拔升遷。但由於新職位所需的專業技能與原本的職位不同，導致有些人升遷之後反而顯得無能。當然也有些人升遷後，恰巧擁有該職位必須的專業技能，那麼他們就有機會再往更上一層升遷，直到自己爬到無法負荷的地位為止。簡單來說，就是每個員工都會不斷往上爬，直到自己變成廢材為止。

以彼得原理來觀察整個組織就會是：廢材基層員工因為太過於無能，所以只能一直待在原有的職位；而優秀的員工則會往上遞補，並逐步成為廢材高層。如此一來，廢材就會蔓延至整個組織。

既然如此，究竟該如何決定升遷人選呢？關於這個問題，有一群研究者透過數學模擬技巧提出了解決方法。這群人是以亞歷山德羅．普盧基諾 (Alessandro Pluchino) 助理教授為首的義大利物理學家團隊，他們在 2010 年獲頒了搞笑諾貝爾經營學獎。原本覺得好玩而執行的研究，後來竟然變得愈來愈認真，最後甚至得到了搞笑諾貝爾獎。

研究團隊在進行模擬時，將公司預設為以下狀況：從基層員工到總經理共分為六個階級，階級愈低則人數愈多，並將退休年齡設定為

六十歲。在初期設定中，每位員工的年齡與能力程度為隨機設定，但平均起來的能力程度為 7 分（滿分為 10 分）。此外，由於每家公司升遷員工的基準皆不同，因此在這次的研究當中，研究團隊共設定了「讓最優秀的人升遷」、「讓最廢材的人升遷」、「隨機挑選人選升遷」三個模式。

以這三種升遷模式作為基準，研究團隊又搭配上兩種在升遷之後表現狀況的假說——優秀者升遷後仍然表現優秀的「常識假說」，以及升遷前後能力不同的「彼得假說」——並讓三種模式與兩種假說彼此隨機組合，總共進行了六種不同的情境模擬。在每一項情境模擬中，每當有人退休或是因能力程度低於 4 分而被炒魷魚時，就會啟動挑選升遷人選的模式。

在常識假說的劇本當中，優秀者在升遷後表現依舊優秀，因此每個人在升遷時，其能力程度會隨機往上或往下調整 2 分。例如，能力程度為 8 分的人，在調整後可能變成 10 分或是 6 分，但並不會降低至 4 分。

另一方面，在彼得假說的劇本中，有些人升遷後會立馬變成廢材，但有些人卻能輕鬆應對新的工作內容，因此每個人在升遷時，能力程度都會隨機重新分配。例如，能力程度原本為 9 分的人，在調整後可能會下降至 5 分，但也可能會往上調整。

各個情境在上述的模式下運作，經過不斷循環反覆地升遷與選汰之後，研究團隊計算出了組織整體的效率性，並得出以下結論。

首先是在常識假說中，若一個人升遷前後的工作能力相同，那麼對整個組織來說，讓優秀者升遷便能獲得最大的工作效率；反之，在彼得假說當中，當一個人升遷前後的工作能力為隨機變化，那麼就要讓廢材升遷才能提升組織效率。然而，組織運作是相當複雜的，通常並無法明確得知組織為兩種假說類型中的何者。如果明確知道組織為彼得假說型，那麼當然就要讓廢材升遷；但如果將常識假說型組織誤認為彼得假說型，那麼讓廢材升遷便會帶來一場災難。因此研究團隊建議，最好能夠採用隨機點名的方式升遷員工。

這個作法雖然無法獲得最大效益，但無論是在常識假說型或是彼得假說型的組織當中都不會踩雷，可以說是一張「安全牌」。另一張安全牌則是採用混合戰術，也就是在所有升遷名額當中，把 47% 的名額分配給優秀者，另外 53% 則是分配給廢材。

研究團隊在另一項研究當中也發現，從通過法案數量或提升社會福利的觀點來看，若在政治圈以隨機方式選出議員，也能獲得較高的效益。其實古希臘的民主制度便是採用隨機方式來決定從政人選，換言之，我們可以透過歷史的教訓來改善現代政治體系。這結論聽起來似乎有些諷刺呢！

甩鏈球與擲鐵餅，哪一種頭會比較暈

——同樣是旋轉式競技，轉動方式卻截然不同

這是一項在 2020 (+1) 年的東京奧運時，最符合時令的話題性研究。這項研究的主體為室伏廣治在日本帶起熱潮的鏈球，以及同樣列為投擲類競技的鐵餅。

轉動身體並用盡力氣將重物丟到遠處……從這個特性來看，這兩項運動並無差異之處。對於我這種對運動毫無研究的老百姓而言，唯一的不同之處，就是用來丟到遠處的重物不一樣而已。

單純來說，比賽時要那樣原地旋轉，不管是哪項比賽都會令人頭暈目眩。不過，為何甩鏈球的選手看起來總是一派輕鬆，而擲鐵餅的奧運級選手卻還是會感到頭暈目眩呢？而且在深入調查後，還發現擲鐵餅的選手其實只要原地轉動一圈半，但甩鏈球的選手卻要原地旋轉三到四圈。究竟為何旋轉圈數較少的鐵餅，反而容易頭暈呢！？

擲鐵餅選手（左）與甩鏈球選手（右）

為了解開這個謎題，法國研究家菲利浦・佩林 (Philippe Perrin) 便對於擲鐵餅時特有的頭暈現象展開深入研究，而這篇研究論文則於 2011 年獲頒搞笑諾貝爾物理學獎。

在這項研究當中，研究團隊詢問了十一位擲鐵餅選手以及十一位甩鏈球選手在比賽過程中是否有過頭暈目眩的經驗。結果超過半數的擲鐵餅選手皆表示「曾經感到頭暈目眩」，但甩鏈球選手卻完全沒有人表示有過類似的經驗。除此之外，擲鐵餅選手還加碼表示，曾經在比賽後無法直線步行，甚至是頭暈到站不穩。雖然沒有頭暈到嘔吐，但還是會感到一陣反胃。尤其是在室內進行訓練或是處於感冒狀態時，這樣的問題會更加明顯。

研究團隊認為，有可能只是剛好這群擲鐵餅選手的體質容易頭暈，因此還特別詢問了同時擅長甩鏈球與擲鐵餅的二刀流選手，而該選手表示，只有在擲鐵餅時會感到頭暈目眩。如此一來，就證明了問題是出在比賽項目。

為了找出讓選手頭暈的原因，研究者們仔細分析了慢動作影片，將每個比賽項目的細微動作與步驟進行分解，並且順利找到這兩項競賽間的關鍵性步驟差異。透過這一系列的分析便能夠說明，為何擲鐵餅選手在比賽時會出現暈眩的感覺。

經過細部分解競技動作後，研究團隊發現，在丟擲出重物之前，這兩種競技的動作便已經出現相異之處。除了兩個動作的步驟數量不同——擲鐵餅的競技動作可以細分為 11 個步驟，而甩鏈球的動作卻多達 15 個步驟——之外，研究團隊還發現三個關鍵性的差異之處。

第一個關鍵為視線是否固定。擲鐵餅選手在旋轉身體時，視線並沒有固定對象，因此周圍的景象看起來會顯得一片模糊。另一方面，在甩鏈球時，選手的視線會集中在手臂與鏈球的球體部分；在該情況之下，即便選手原地旋轉，鏈球也會因為離心力的關係，看起來就像固定在相同位置，因此也能稍微讓選手的視線維持固定。一旦視線固定在某個範圍內，大腦就會認為頭部的位置並沒有改變，因此在甩出鏈球之後，也能較快讓身體找回平衡感。在擲鐵餅的 11 個步驟中，視線固定的步驟只有 2 個；但在甩鏈球的 15 個步驟中，視線固定的步驟卻多達 12 個。

第二個關鍵是兩項競技的姿勢。在擲鐵餅時，頭部相對於軀體的位置會經常改變，在 11 個步驟中，頭部與軀體方向不同的步驟就多達 6 個。由於耳朵在人體平衡感中扮演著重要角色，當耳朵接收的訊號因為頭部相對於軀體過度活動而產生矛盾時，就會因為「科里奧利效應 (Coriolis Stimulus)」引發不舒服的暈眩感，也就是俗稱的動暈症。相反地，在甩鏈球時，頭部與軀體兩者的相對位置幾乎沒有改變，在 15 個步驟當中，兩者保持相對位置一致的步驟就多達了 14 個。

最後一個關鍵則是在甩鏈球的過程中，選手始終都以單腳站立，但擲鐵餅選手則會在擲出鐵餅的瞬間跳躍。當雙腳接觸地面時，大腦就會自動判斷出身體是處於直立狀態；然而在跳躍狀態下，身體的空間位置感受會顯得混亂，因而容易產生暈眩感。

擲鐵餅這項競技的歷史相當悠久，甚至曾出現在希臘神話當中。不知道古希臘人是不是也曾經因為擲鐵餅帶來的頭暈感而困擾。若是如此，這項研究便是解開了數千年來擲鐵餅選手們的煩惱之謎。真是一項充滿故事性的研究呢！

搞笑諾貝爾獎頒獎典禮實錄

「很開心榮獲搞笑諾貝爾獎。我們得獎一事，證明了我們的研究並非單純是個奇怪的研究。我們是相當認真地想要解開人體平衡感官的構造原理。」

——菲利浦．佩林教授

能些微幫助改善動暈症的動作

除了服用藥物之外，似乎也能透過以下兩個動作來預防動暈症。簡單地說，就是像甩鏈球選手一般，不要隨便移動視線，並使頭部維持在固定位置上。另外，在閉上眼睛之後，將頭部靠在靠枕上，讓頭部不會亂移動，也能夠有效地預防動暈症。這一類維持頭部位置的姿勢，就被命名為「反科里奧利效應姿勢」。

葡萄酒專家令人驚訝的能力

——專家能夠區分任何氣味

像品酒師等葡萄酒專家們，都擁有相當過人的味覺、嗅覺與記憶力。若想取得全球最難考取的品酒師證照，就得先通過葡萄酒理論相關的口試，以及提供品酒服務的實作測驗。接著在品酒測驗當中，還必須完美地回答出釀造該葡萄酒的葡萄品種、原產國與原產地區，還有葡萄採收的正確年份。

在品酒時，葡萄酒的香氣也是相當重要的評比項目。據說，專業的葡萄酒專家甚至能夠嗅出是否有一隻小蒼蠅混入葡萄酒當中。關於這項特殊能力的調查研究，獲頒了 2018 年的搞笑諾貝爾生物學獎。

執行這項研究的國際團隊，是由瑞典的保羅．貝歇 (Paul Becher) 博士所率領。事實上，貝歇博士的專業領域並非葡萄酒相關，而是害蟲交流，主要是在研究害蟲如何利用自身分泌的化學物質來吸引寄生或交配的對象。

在執行這項獲獎的研究之前，貝歇博士等人專注於研究果蠅是如何尋找到位在遠處的交配對象。在長達五年的奮鬥之後，他們終於發現雌性果蠅會將費洛蒙釋放至遠處，並藉此來吸引雄性果蠅，或是將食物的相關訊息傳遞給其他果蠅。就是在這時候，貝歇博士等人偶然發現，他們居然能夠透過氣味來辨識果蠅的雌雄。此時，貝歇博士回想起有人說過：「只要有一隻蒼蠅掉入葡萄酒，就會讓葡萄酒的味道全變了調。」於是，研究團隊便展開了這項日後獲獎的研究。

這項研究的實驗對象為八名（兩名女性及六名男性）葡萄酒專家。這群人在德國葡萄酒產地巴登是擔任品質管理的官方認證專家，他們能夠透過受過專業訓練的味覺與嗅覺來評比葡萄酒的味道與香氣是否符合品質基準。

研究團隊將四個酒杯交給這些專家，並請他們以滿分 10 分的方式評比各個酒杯的惡臭程度。這四個酒杯分別是空酒杯、裝有白酒的酒杯（嚴格來說，是裝有 2013 年產的白比諾 (Pinot Blanc)）、混入一隻雌果蠅的白酒杯，以及加入人工費洛蒙的白酒杯。

測試結果發現，每位專家對於裝有純白酒的酒杯並無特別感覺，但對於混入果蠅或人工費洛蒙的白酒酒杯則一致表示：「有一股令人感覺不舒服的氣味。」事實上，本次實驗所混入白酒中的人工費洛蒙含量只相當於一隻雌果蠅的分泌量，也就是大約僅有 1 奈克（0.000000001 公克）。但即便含量如此稀少，專家們依然能夠感覺得出來。而且由於這種化學物質難以清洗，導致酒杯在清洗過後，味道依舊可能會殘留在杯子上。

研究團隊透過實驗發現，即便是僅有一隻果蠅的費洛蒙分泌量，人類依然能夠感測得出來。而且此實驗也間接證明了，不論是人類或雄果蠅，對雌果蠅費洛蒙的敏感度都是差不多的。

味道好壞取決於風味。在葡萄酒業界當中，因為葡萄酒的香氣相當多樣化，因此風味更是評比時的重點。而且葡萄酒的好與壞，價格的差異可以說是天壤之別，一瓶高級的葡萄酒，甚至要價數百萬臺幣。為避免壞了一瓶好酒，還請各位果蠅在飛行時，千萬不要太靠近葡萄酒。

搞笑諾貝爾獎頒獎典禮實錄

「人類從數千年前就開始與那些喜歡葡萄酒和人類食物的果蠅共存至今。我們發現，人類對於果蠅釋放出來的化學物質十分敏感，即便相當微量，也能立即感測出來。

對於果蠅而言，掉入葡萄酒當中當然是非常悲慘的事情，因為牠們會因此溺死。而對人類來說也是一件悲傷的事情，因為有一杯好酒就這麼糟蹋了。

雖然不清楚人類為何會對果蠅的費洛蒙如此敏感，但唯一可以肯定的是，果蠅絕對不是在向人類求愛。」

——保羅．貝歇博士

原始論

果蠅的大腦體積就跟罌粟籽差不多大。這個看似脆弱無比的大腦，究竟是如何尋找食物的呢？在大部分的情況下，飄散在空氣中的食物氣味並不會像河水般持續流動，而是片段式地飄散，也就是細分成數個短暫的瞬間，因此果蠅並不可能是沿著氣味來尋找食物。

果蠅覓食背後的祕密其實是來自於腦細胞的工作效率。果蠅擁有感測氣味的天線，該天線在捕捉到空氣中氣味的當下，果蠅就會透過眼睛來尋找類似於水果的圓形物體，並且停留在該物體上面。如果不走運，該圓形物體並不是水果的話，果蠅便會以相同方式再持續搜尋下一個可能是水果的目標。

　　相反地，若天線無法感測到氣味，則果蠅就不會刻意停留在物體之上，而會飛往其他地方。如此一來，即便果蠅的腦細胞數量不多，還是能夠尋找到位於遠方的食物。

千萬不可以在椰子樹下睡覺

——悠閒的日常生活中，潛藏著意外的危險

椰子樹是熱帶低海拔地區隨處可見的植物。在椰子樹下的吊床上睡午覺，然後一顆椰子突然掉下來砸到人……「好痛啊」！這簡直是動畫或搞笑漫畫中會出現的情景。事實上，真的有人進行過人類被椰子砸傷的調查研究，這個人就是在 2001 年獲頒搞笑諾貝爾醫學獎的彼得．巴爾斯 (Peter Barss) 醫師。

時間回到數十年前，當時的巴爾斯醫師正身處於巴布亞紐幾內亞的偏鄉，他在人口約十三萬人的地區獨自扛起全體居民的醫療責任長達七年之久。在那段期間，巴爾斯醫師意外發現被墜落的椰子砸傷的傷患數量相當多。雖然這乍聽之下有點搞笑，但千萬不能小覷椰子的威力。被墜落的椰子砸中的後果可絕對不是開玩笑的，不是當場死亡就是身負重傷，因此居住在椰子樹茂密的海邊的民眾是絕對不可能在椰子樹下睡午覺的。

然而，許多居住在熱帶高海拔地區的人們卻不知道椰子有多麼危險。有不少這樣的人來拜訪住在沿海地區的親戚時，會不知道潛藏的危險性，而在椰子樹下睡午覺，然後就被椰子砸中了。甚至有不少在海邊嬉戲的小孩子，也會倒楣地被椰子砸傷。

有鑑於此，巴爾斯醫師花了四年的時間進行實況調查，結果發現前來醫院就診的傷患當中，約有 2.5% 是因為被椰子砸傷。一旦椰子砸中頭部動脈，就有可能造成顱骨內側發生出血，甚至有傷患因此需

要接受頭部手術。除此之外，雖然巴爾斯醫師並未實際見過，但他聽說有些村民被椰子砸中後，居然不幸當場死亡。

巴爾斯醫師曾經計算過頭部被椰子砸中時所承受的重量，結果發現此時頭部受到的重量大概有 1 噸那麼重。1 噸是什麼概念呢？大概就是一部小客車的重量。巴爾斯醫師還說明，相較於站立狀態，在躺臥狀態下被椰子砸中的話，其危險程度會更加提升。

搞笑諾貝爾獎的中心思想，就是令人發笑之後，也能進行思考。然而，一旦達到這樣的危險程度，一開始不小心笑出來的人在知道實情之後，也會不禁出現罪惡感。

巴爾斯醫師因為獲得搞笑諾貝爾獎而備受注目，而他本人也對此深感榮幸。但他在加拿大的某個醫學期刊中表示：「從我們的角度來看或許會覺得好笑，但對於每天為傷患治療的人來說，卻是一點也不覺得有趣。」

直到今日，南太平洋諸島或印度等地的椰子園中，依舊有許多人被墜落的椰子所砸傷，甚至是從椰子樹上摔落而受傷。

在日本，最常發生意外死亡事故（除交通事故外）的地點為住家環境，其比例高達四成之多。這些意外事故包括吃麻糬噎死，或是泡澡時熱衰竭致死等。雖然當今流行的病毒很可怕，但我們習以為常的生活環境與習慣當中，其實也潛藏著相當多的危機。

巴爾斯醫師的後續研究

除了椰子的相關研究之外，巴爾斯醫師在巴布亞紐幾內亞也曾經做過其他研究。舉例來說，他曾經研究過那些穿草裙的女性，在料理過程中被火燒傷的風險程度，以及當地居民被自己圈養的豬所攻擊而受傷的情況。在這些研究中，巴爾斯醫師發現，即便現代醫療可以治癒許多的疾病，但依然無法降低意外事故所帶來的死傷風險。

在回到母國加拿大之後，巴爾斯醫師與加拿大紅十字會攜手進行了溺水致死的相關研究，希望能夠藉此防止人們不小心於游泳池或浴缸中發生意外事故。據說在他們的努力之下，1992～2002 年這十年之間的嬰幼兒溺水意外大幅降低了 80%。

對於巴爾斯醫師而言，椰子砸傷人的研究，正是他展開這些生活中常見潛藏危機研究的契機。

空酒瓶與裝滿的酒瓶，哪一種當凶器比較危險

——哪一種比較容易砸破顱骨

自古以來，人類的酒品似乎就一直不怎麼好。有人認為，我們的祖先在進化成人類時，就已經開始攝取酒精飲品。甚至還有學說指出，人類發展出農耕技術並非是為了穩定供應糧食，而是為了釀造酒品。

無論是古代或現代，喝醉的人們總是會吵架。這項於 2009 年獲頒搞笑諾貝爾和平獎的研究，居然是起始於法庭上的一個問題：「啤酒瓶能夠砸破人類的顱骨嗎？如果可以，那麼是空酒瓶還是裝滿液體的酒瓶的威力較強大？」

這項研究的實施地點為瑞士，而研究團隊的中心人物則是犯罪科學搜查專家施特凡．波林格 (Stephan Bolliger) 博士。該研究團隊的工作，原本就是針對酒吧等場域所發生的爭執傷害事件進行科學搜查。研究團隊表示，在提供飲酒的地方，酒瓶經常成為打架鬥毆時的凶器首選（至少在瑞士是這樣）。尤其是破掉的酒瓶更加危險，因為很容易造成穿刺傷或割傷。

在這個社會背景下，瑞士政府相當推薦廠商採用耐用且能回收再利用的玻璃瓶。然而，若是玻璃瓶過於耐用，則也會被當成鈍器來使用。因此，研究團隊設計出實驗專用裝置，用來重現顱骨遭受玻璃瓶毆打時所承受的衝擊力。

研究團隊所採用的酒瓶，是瑞士知名啤酒品牌 Feldschlösschen 的 500 毫升裝酒瓶。在將酒瓶固定好之後，他們在酒瓶與木板之間鋪上一層薄薄的黏土，希望能夠模擬出頭皮的質感，以及玻璃瓶砸中顱骨的角度。在實驗過程中，研究團隊以 1 公斤重的鐵球從不同高度砸向酒瓶，藉此來測試酒瓶承受衝擊力的能耐。

實驗裝置示意圖

實驗結果得出，裝滿液體的酒瓶會在衝擊力為 30 焦耳[2]時破裂，而空瓶則是在 40 焦耳時破裂。從利用大體老師所進行的先行研究中，研究團隊發現人類顱骨會在承受到 14～68 焦耳的能量時破裂。因此從理論上來判斷，無論是裝滿的酒瓶或是空酒瓶，都能夠在不破碎的情況下砸碎人類的顱骨。

雖然空酒瓶的耐性比裝滿液體的酒瓶高約 10 焦耳左右，但裝滿液體的酒瓶也比空酒瓶重。若是以相同的力量砸向某物體，相較於空

---

❷ 焦耳：能量單位。1 焦耳代表將小蘋果或番茄等重量為 100 公克的物品抬升至 1 公尺高度時所需的能量。

酒瓶來說，裝滿液體的酒瓶所產生的衝擊力會增加 70% 之多。在這樣的力道之下，其實不管是空酒瓶或是裝滿液體的酒瓶，都會砸破人類的顱骨。

不過這項研究僅調查了顱骨是否會破裂，並未確認該衝擊力是否會造成大腦傷害。研究論文中甚至提出以下這個結論：「在發生爭執的情況下，應該禁止使用酒瓶作為鬥毆的工具。」

現今日本當地的酒瓶持續追求輕量化，因此當被酒瓶砸到時，人體所承受的衝擊力或許會比較小。但即便如此，還是嚴禁各位輕易嘗試使用酒瓶來打架。

搞笑諾貝爾獎頒獎典禮實錄

波林格博士因為研究過如何使用酒瓶砸破顱骨，所以當他站上頒獎典禮的舞臺時，與其他搞笑諾貝爾獎得主們握手的時間相當長，感覺好像是在告訴對方「請手下留情」，這一幕實在令人印象深刻。以下是波林格博士的得獎感言。

「首先，感謝各位跟我握那麼久的手。在電視的世界中，任何事看起來都相當輕鬆簡單。舉例來說，在酒吧的鬥毆場面中，只要將啤酒瓶砸向對方頭部，啤酒瓶就會立馬破碎……（中略）……然而在現實世界中，其實是顱骨被啤酒瓶砸破。雖然空酒瓶的傷害力較強，但最麻煩的是將酒喝完後，拿著空酒瓶鬧事的人。」

聽歌劇能讓老鼠延長壽命
——音樂療法對於動物也具有效果

2020 年改編自小說的 NHK 電視連續劇《加油！夫妻協奏曲》當中，曾經出現過名為〈茶花女〉(*La Traviata*) 的歌劇。這首樂曲不僅能夠令人類感動，甚至還很適合讓老鼠聽。

有一群研究者發現，剛接受過心臟手術的老鼠在聽過〈茶花女〉之後，會有延長壽命的效果，而這群研究者也因此在 2013 年時獲頒搞笑諾貝爾醫學獎。該研究告訴我們，「歌劇」這種動人的藝術所帶來的益處，並不是人類能夠獨占的。

主持這項研究計畫的成員包括：帝京大學的內山雅照 (Uchiyama Masateru) 助理教授、新見正則醫院的新見正則 (Niimi Masanori) 院長（獲頒獎項當時與現在均隸屬於帝京大學的一員），以及當時還是研究所學生的金相元先生。他們的研究結果證實，接受心臟移植手術的老鼠在聽過〈茶花女〉之後，原本通常僅剩一個星期的術後壽命居然大幅延長至一個月之久。

不過，該研究團隊原本的研究目的並非是歌劇對老鼠的影響，而是調查老鼠於心臟移植手術之後會出現哪些反應。新見院長表示：「若未給予任何醫療處置，則老鼠便會因為出現排斥反應，使得心臟在術後 8 天左右停止跳動。某一天，因為各自放有十隻老鼠的兩個箱子無法放在一起，因此只好分別將兩箱老鼠保管於不同的地方。結果其中一個箱子裡的老鼠在 8 天之後，移植的心臟依舊沒有停止跳動。

當時我的直覺便告訴我，這很有可能跟環境的影響有關。」

一開始，研究團隊最先讓老鼠們聆聽的歌劇曲目為威爾第的〈茶花女〉。據說，喜歡音樂的新見院長在英國留學時，經常去觀賞歌劇或樂團演奏。至於為何會選擇〈茶花女〉作為實驗用曲目，金先生則是開玩笑地說：「那是因為老闆（新見院長）非常喜歡〈茶花女〉的關係。」對了！在頒獎典禮上，金先生和內山助理教授還一起穿著老鼠的人偶裝，現場獻唱了一段〈茶花女〉。

研究團隊也讓老鼠聆聽了莫札特以及恩雅[3]的音樂，但測試後的結果發現，還是〈茶花女〉的效果最為顯著。聽過〈茶花女〉的老鼠平均壽命長達 26 天，存活最久的個體甚至活了 90 天之久；其次是聽過莫札特音樂的老鼠，術後的平均存活天數為 20 天；至於聽過恩雅音樂的老鼠，壽命僅稍微增加，可以存活約 11 天。另外，他們也試過讓老鼠聆聽石川小百合[4]的〈津輕海峽．雪景色〉，但可惜似乎不具任何效果。

為了驗證讓這些老鼠壽命延長的原因確實是音樂，研究團隊特地在聽不見聲音的環境條件下又進行了一次相同的實驗，結果發現這次所有手術後的老鼠壽命皆未增加，如此一來，就證明了音樂確實具有延長老鼠術後壽命的效果。新見院長在慶應大學的校園刊物訪談中提到：「這項研究結果可以證明，音樂能夠透過大腦，對免疫系統發揮

---

[3] 恩雅為著名的愛爾蘭獨立音樂家，特別擅長編寫愛爾蘭的民俗音樂。

[4] 日本著名的演歌歌手，在演歌界有著舉足輕重的影響力，於 2019 年獲頒紫綬褒章。

正面影響。在治療疾病時，專業的醫療處置固然重要，但會影響大腦的環境、希望、氣勢以及家人的支持其實也是相當重要的。常有人說『病由心生』，看樣子這句話一點也不假。」

近年來，音樂在歐美各國已經逐漸成為治療各種疾病的手法之一。音樂療法不僅能夠應用於精神疾病或成癮症的治療，甚至已經被證實能夠治療身體疾患。

目前音樂療法的治療效果與重現性雖然還尚未有明確的準則，但有許多報告指出，音樂確實能夠緩和疼痛、噁心以及焦慮感等問題。也就是說，將正規療法與音樂療法合併使用時，音樂便能夠安撫患者不安的心情，對治療發揮正面的幫助。

新見院長表示：「在新冠肺炎持續肆虐的這段期間，大腦本身的機能更顯重要。適度消除心理壓力確實能夠預防癌症與感染，甚至有助於延長壽命。」

若你想要體會老鼠們在實驗過程中的感受，不妨可以聽聽牠們所聽過的樂曲。

- **威爾第：歌劇〈茶花女〉，喬治・蕭提 (Sir Georg Solti) 指揮，柯芬園皇家歌劇院合唱團演奏（1995 年）。**
- **莫札特：〈*The Ultimate All Mozart*〉，柏林愛樂管弦樂團演奏（1999 年）。**
- **恩雅：〈*Paint the Sky with Stars: The Best of Enya*〉（1997 年）。**

龍舌蘭能拿來做鑽石
——關鍵在於添加成分的比例

許多人當想要「痛快喝酒」的時候，都會選擇喝龍舌蘭。懂得品酒的人總是說，喝龍舌蘭時可以仔細品味及享受那纖細的香氣。

先不管龍舌蘭正確的喝法如何，但大多數人應該都沒有想到過，人們自暴自棄時可能會喝的這種烈酒，居然是用來製作鑽石的原料。是的，你沒有看錯！只要夠努力的話，用龍舌蘭也能製造出鑽石！

主持這項研究的人，當然是來自龍舌蘭之鄉——墨西哥的研究者。墨西哥國立自治大學的米格爾．阿帕提嘉 (Miguel Apatiga) 博士等人所組成的研究團隊，透過在龍舌蘭蒸發時迅速給予冷卻的方式，成功製造出了閃耀動人的鑽石。這種創造閃亮鑽石的過程並非是透過傳統的研磨方式，而是透過蒸發的手法產生。此項創舉在 2009 年獲頒了搞笑諾貝爾化學獎。

但別開心得太早。雖然說是製造鑽石，但很可惜的是，該鑽石並沒有辦法拿來鑲在戒指上。若你想要用這種方式自行製作鑽石飾品，那你可能要大失所望了。我們這邊所說的鑽石，其實是指工業上所使用的鑽石薄膜。

原本研究團隊的實驗原料並不是龍舌蘭，而是打算透過丙酮、乙醇或是甲醇來生成鑽石薄膜。透過人工方式製造鑽石的方法主要有兩種。第一種是針對原料施加極高的溫度與極大的壓力，也就是重現鑽石於地底自然形成的環境。第二種是參考宇宙環境，模擬星際雲（由氣體與微粒團所組成）中的化學反應;當氣體的化學結合受到切斷時，碳原子之間就會相互結合，形成鑽石。

龍舌蘭生成鑽石薄膜的研究是採用第二種方法。研究團隊先用水將乙醇稀釋，並在乙醇蒸發後再迅速給予冷卻，結果便順利製造出了高品質的鑽石薄膜。在實驗過程中，研究團隊發現乙醇與水的最佳比例為 6：4，而這個比例「不就是跟龍舌蘭一樣嗎」？於是，阿帕提嘉博士便在通勤途中買了一小瓶便宜的龍舌蘭，並立即在實驗室展開實驗，他在網路新聞的訪問提及此事。

首先，研究團隊將酒精濃度 40% 的便宜龍舌蘭放進專為研究所開發的機器當中，並且將龍舌蘭加熱到 280 ˚C，使酒液蒸發成氣體，接著再將變成氣體的龍舌蘭加熱到 800 ˚C，使其分子開始分解。當龍舌蘭當中的碳原子被孤立，且環境的溫度下降之後，便會相互鍵結，產生 100～400 奈米大的鑽石結晶。當這些結晶附著在矽或不鏽鋼製的托盤上，就能夠形成厚度均一的鑽石薄膜。

據說，就連研究團隊也大感驚訝，居然可以如此輕鬆地製造出鑽石薄膜。研究團隊原本還相當擔心，龍舌蘭當中除了水與酒精之外的成分會影響實驗，但沒想到這個方式依然能夠順利生成鑽石。

這個實驗的成功關鍵，在於龍舌蘭中的氫、氧以及碳的比例。唯有恰到好處的氫、氧、碳組成比例，才能以人工的方式合成鑽石。若碳的比例過低，就會無法產生鑽石；而氫與氧的比例若是過高，則生成物便會變成普通的碳化合物。龍舌蘭就是如此剛好，擁有完美的黃金比例。

這種人工鑽石薄膜不僅生產成本低廉，而且還相當堅硬與耐熱，因此可以廣泛地運用在鍍膜或切割工具、使用高壓電的半導體、輻射檢測器以及光學儀器等物品上。

研究團隊在頒獎典禮上，還熱情地向現場所有人揮舞墨西哥帽以及龍舌蘭。

炸藥也能製造出鑽石

這也是個相當有趣的研究。SKN 公司[5]的董事伊格爾．佩托洛夫 (Igor Petrov) 不僅順利地將俄羅斯的老舊炸藥變成了鑽石，還因此獲頒搞笑諾貝爾和平獎。

SKN 公司是透過引爆炸藥的方式來產生出細微粉末狀的奈米鑽石。炸藥當中的碳粉，便是生成鑽石的原料；而爆發時所產生的巨大化學能量，則是生成鑽石所需的能量來源。

沒想到武器也能搖身一變為鑽石，還真是浪漫呢！

---

[5] 一家經營石油、天然氣等石化行業的綜合營運公司。

|專欄|

搞笑諾貝爾獎誕生的祕密

一切的開端，起始於搞笑諾貝爾獎創始人馬克．亞伯拉罕的副業。馬克畢業於哈佛大學的應用數學系（是較比爾．蓋茲大一屆的學長），在做過一陣子的程式設計師之後，便自行創業成立了一家軟體公司。

努力經營公司的馬克，在工作之餘，最大的興趣就是撰寫科學或搞笑相關的文章。就在 1990 年的某一天，他突然發現到一件事：「如果自己寫的東西在死之前都無法出版成冊的話，那未免也太悲慘了吧……」。

雖說如此，馬克還是想不出來有哪一本趣味型科學雜誌，可以幫助自己將累積多年的原稿出版問世。這時候，馬克突然聯絡到一位人氣科學雜誌的前任專欄作家，並且向他徵詢了出版專業建議。沒想到，該專欄作家居然立即回覆他，並且對他說：「有本雜誌應該很適合你……但搞不好已經停刊了。你就先聯絡看看吧！」

雖然馬克順利探聽到雜誌的名稱，但卻無法在書局找到這本雜誌。在苦惱一段時間後，馬克決定前往圖書館翻閱地址名冊，最後總算找到了出版社的地址，並且立馬將幾篇作品寄到該出版社。過了幾個星期之後，出版社那邊突然聯繫馬克，並且邀請他加入「編輯團隊」。事實上，該雜誌當時正處於相當困頓的狀態，因此急需有幹勁的新血加入。

就這樣，馬克在 1990～1994 年這段期間成為了《*Journal of Irreproducible Results*》這本雜誌的編輯。這段期間內，他就過著白天在軟體公司上班，晚上投入編輯的工作，這樣蠟燭兩頭燒的生活。當時除了馬克之外，該出版社幾乎沒有其他正職員工或製作預算。但就是在這段期間，馬克於 1991 年舉辦了搞笑諾貝爾獎的第一屆頒獎典禮。

在如此忙碌的馬克的努力之下，該雜誌順利地起死回生了。之後，馬克便獨立出來，創辦以搞笑諾貝爾獎為基礎的雜誌《*Annals of Improbable Research*》。

曾經有段時間，英國政府的科學顧問批判搞笑諾貝爾獎是在「褻瀆科學」，同時要求該組織「不要頒發獎項給英國的科學家」。沒想到，此舉引來英國科學家們的反對聲浪，造成英國政府的科學顧問反而成為受到批判的對象。多虧這場充滿諷刺的騷動，使得搞笑諾貝爾獎的人氣度更上一層樓。

有人曾經問過馬克：「你打從一開始就知道，搞笑諾貝爾獎會深受全世界人們的喜愛嗎？」而他本人聽到後則是不假思索地回答:「那當然。」

對於這類問題，一般人通常會回答：「沒有啦～其實反應好到連我都覺得驚訝呢！」但馬克打從一開始就認為，搞笑諾貝爾獎將會成為國際上的重要獎項，因此在舉辦第一屆時就廣發各國媒體共襄盛舉，並且成功引發話題。爾後，愈來愈多人與搞笑諾貝爾獎扯上關係，而且規模也愈來愈大。這也告訴我們：願景，真的非常重要。

Part 3

生物不可思議的生態

搞笑諾貝爾獎最喜歡動物了！

「如果能重新投胎，你會想變成什麼？」許多人都曾經被問過這個問題，而最常見的答案有以下幾種。

- 「鳥！因為能在空中飛。」
- 「狗！因為能跟喜歡的人一直膩在一起。」
- 「人！（每個人的理由都不盡相同）」

但如果你不知道該怎麼回答這個問題，那麼可以參考以下答案。

- 如果妳是個想死死壓住男人的女生，那麼變成巴西洞窟裡的小蟲或許不錯。因為任何男人一旦落入妳的手掌心，就會無法掙脫（第75頁）。
- 如果你是個愛放屁的爸爸，那麼變成鯡魚應該會簡單一些。因為鯡魚們是透過屁聲來進行溝通。比起喝酒應酬來說，用這種方式溝通實在是輕鬆多了（第71頁）。
- 如果你是個喜歡浪漫的人，那麼變成糞金龜是個好選擇。因為糞金龜總是順著天體運行軌跡滾動著糞便（第89頁）。

這一章將會為各位介紹神奇的動物世界。希望能在你選擇投胎對象時，提供具有實際參考價值的資訊。

鯡魚是用屁對話

——噗噗噗，你好呀！今天的天氣真好，噗！

一個屁，足以撼動一個國家的安危。

1990 年代初期，冷戰剛結束後的瑞典曾發生過一件大事，讓當時的首相卡爾．畢爾德 (Carl Bildt) 抱頭燒腦。當時，在斯德哥爾摩港口的水底下響起了疑似是潛艇的聲音。

在冷戰期間，疑似是蘇聯的潛艇曾數次入侵瑞典海域。由於當時冷戰剛結束不久，因此瑞典政府深信，那就是俄國政府主導的間諜活動。希望立即解決這個問題的畢爾德首相，便立即向俄國遞交外交文書，要求俄國即刻撤回潛艇。

然而，瑞典軍方動員了許多直升機、船舶以及潛艇長達一個月，卻依舊找不到俄國的潛艇蹤跡……。

這時候，出現了兩位備受注目的人解決了這次騷動，他們就是日後獲頒搞笑諾貝爾生物學獎的馬格納斯．沃爾柏格 (Magnus Wahlberg) 博士以及哈根．威斯塔伯格 (Håkan Westerberg) 博士。這兩位博士分別是生物聲學以及水產資源學專家，曾接受瑞典海軍的委託，調查那些疑似潛艇的聲音是否可能來自於動物。

沃爾柏格博士在他於 TED× 的演講中回顧當時的狀況說道：「一開始，我們被帶到軍事基地裡的一個神祕房間。那時候，我們第一次聽到海軍已經連續錄了好幾年，『疑似是潛艇的聲音』。我想，應該沒有其他一般百姓聽過那個錄音檔。最令我感到驚訝的是，那個聲音與我想像的聲音不同，聽起來就像是在煎培根的聲音。」

這兩位博士聽過軍方的錄音檔後，認為該聲音很像氣泡破裂的聲音，於是開始思考海中是否存在著會產生出大量氣泡的動物。那時候，他們認為該聲音來自鯡魚的可能性極高。鯡魚可說是瑞典隨處可見的國民主食。當大量的鯡魚受到天敵鯖魚追趕時，就會釋放出大量氣泡來驅趕天敵。

於是，兩位博士便立即前往超市購買鯡魚，並在水中用力捏了幾下鯡魚……結果鯡魚居然發出了一陣與他們在那個祕密小房間裡所聽到的錄音一樣的聲音！這是一種從魚鰾傳至肛門的氣泡聲。後來，他們順利錄下了被捕獲的鯡魚以及野生鯡魚所發出的聲音，並且在與軍方的錄音檔案加以比對之後，確認了該聲音就是來自鯡魚「從肛門排出的氣泡聲」。

幸好瑞典政府沒有對外在國際投訴俄國從事間諜活動，這場由屁引起的外交危機最終也順利獲得解決。

這項調查鯡魚放屁行為的研究，在 2004 年獲頒搞笑諾貝爾生物學獎。與此同時，有其他研究團隊也同樣獲頒了生物學獎，這個得獎團隊是由同樣進行鯡魚放屁行為相關研究的班．威爾森 (Ben Wilson) 博士、羅伯特．巴堤 (Robert Batty) 博士以及羅倫斯．迪爾 (Lawrence Dill) 博士所組成的加拿大與蘇格蘭聯合研究團隊。

威爾森博士等人原本就投入在鯡魚的相關領域進行研究。在某個偶然的機遇下，他們意外發現在進入夜晚後，鯡魚就會「噗噗噗」地從肛門排出氣體。如同先前所述，過去人們已經知道，鯡魚會釋放出大量的氣泡來驅趕敵人。然而威爾森博士等人卻發現，無論周圍是否有敵人，鯡魚都會釋放出氣泡。由於對此現象感到十分在意，因此他們便著手詳細調查氣泡的功能。

在利用紫外線光源、攝影機以及水下麥克風記錄鯡魚的行動後，他們發現鯡魚在夜間排出的小氣泡，聽起來的聲音像是頻率較高的金屬聲，並不是像人類放屁時所發出的那種噗噗聲，而是接近「喀喀……啵啵啵啵」這種較為尖銳的聲音。而且這種聲音是以每6秒連續釋放六十次的速度出現，會讓聽者莫名感到緊張。

在實驗過程中還有另一項發現，那就是當身邊的同伴愈多，鯡魚就會放出更多的屁。研究團隊從該現象推測，對於鯡魚而言，這些屁其實是牠們在夜間的溝通方式。

研究團隊認為，在白天時，鯡魚可以利用魚鱗反射的光線來團結行動，但到了視線不佳的夜間時，就會切換為使用聲音訊號來進行溝通，如此一來，位於群體前方的鯡魚，就能利用屁的聲音通知同伴們行進方向，藉此維持群體活動的一致性。

原來如此！這麼多鯡魚一起放屁，想必魄力相當驚人！難怪瑞典海軍會被唬得一楞一楞。

威爾森博士等人的研究論文還提出了一個結論，那就是對於透過聲音進行溝通的鯡魚而言，那些屁聲對於牠們族群存亡的影響也是不容小覷的。畢竟那些發生於夜間的屁聲騷動，可以說是鯡魚重要的生存戰略。

「搞笑諾貝爾獎頒獎典禮實錄」

「下次去海邊玩水時，千萬別忘記在海水當中，有許多鯡魚正在放屁。」

——羅伯特．巴堤博士

「我們認為，鯡魚正是透過屁聲來進行溝通，藉此維持群體行動的一致性。簡單地說，就是建立關係的一種方式……。其實從數千年前開始，青春期之前的人類男孩也都幹著一樣的事呢！」

——羅倫斯．迪爾博士

雌雄性器官相反的蟲
——在洞窟中展現兇猛實力的肉食系女子

在巴西的洞窟中，生存著一種奇妙的昆蟲。該昆蟲的雌性擁有陰莖，而雄性則擁有陰道，而且該雌性昆蟲的陰莖一點也不平常，因為它擁有著充滿尖刺的外觀。北海道大學的吉澤和德 (Yoshizawa Kazunori) 助理教授以及慶應大學的上村佳孝 (Kamimura Yoshitaka) 助理教授所領導的研究團隊，因為這項發現獲頒了 2017 年搞笑諾貝爾生物學獎。

該昆蟲名為 Neotrogla，是一種體長約 3 公分的小昆蟲。Neotrogla 與在日本住家中常見的蝨蟲是同類型的生物，在外觀上並沒有太大的不同之處。牠們棲息在陰暗乾燥、幾乎沒有食物的洞窟岩壁上，並以蝙蝠或老鼠的糞便作為食物。

Neotrogla 在交配時，雌蟲會將「陰莖」放入雄蟲的「陰道」中。雌蟲會透過陰莖上的尖刺構造，將雄蟲牢牢固定住，而雄蟲一旦被雌蟲抓住，就會無法輕易逃脫（其實研究者曾試圖將交配中的 Neotrogla 分開，但因為固定的力道太強，所以不小心撕裂了雄蟲的身體。南無阿彌陀佛……）。

在合體之後，Neotrogla 會進入長達 40～70 小時的交配過程。此時，雌蟲的陰莖前端會張開，接著雄蟲會透過雌蟲的陰莖，將精子以及含有養分的膠囊狀物質送進雌蟲體內。在如此長時間的交配過程中，雌蟲會從雄蟲體內慢慢榨取生殖所需的養分。

交配中的 Neotrogla

這項發現，為整個生物學界帶來極大的衝擊。雖然過去人類已經觀察到許多雄性與雌性的發展差異，但依然還有許多未知領域存在著。

一般來說，生物在繁衍下一代時，生育負擔較大的那一方，通常也具備有擇偶的權力。例如：孔雀是由雌性產卵，因此是由雌性來選擇交配對象；鹿和獅子也是一樣，是由雌性負責生產幼仔，因此也是由雌性來選擇經過一番打鬥後勝出、較強壯的雄性進行交配。

研究團隊認為，Neotrogla 雌蟲演化出陰莖的關鍵，是為了獲取雄蟲體內的養分。雖然這麼做會造成雄蟲的身體負擔，但如此一來，雌蟲就能夠在短時間內再次進行交配。畢竟在缺乏食物的洞窟中，來自雄蟲的養分可以說是相當珍貴的，所以在交配時，雌蟲會比雄蟲表現得更加積極，也因此雌蟲才會演化出雄性的生殖器。

事實上，由雄蟲提供養分給雌蟲的這種交配方式並非獨一無二，像是蒼蠅和蟋蟀也皆是如此，這些昆蟲的雌蟲們都會拼命地爭奪雄蟲。但即便如此，Neotrogla 還是相當特別的生物，因為在所有體內受精的生物當中，幾乎都是雄性擁有陰莖的構造。像這種生殖器完全相反的極端情況，目前在地球上所發現的案例就只有 Neotrogla。

稀奇的發現還不僅如此。吉澤助理教授等人認為，「Neotrogla 可能具備有其他獨特的特徵，才導致牠們的生殖器會演化成如此特殊的情況」，因此便更加深入進行研究。結果發現，Neotrogla 雌蟲與其他類似的昆蟲相較之下，從雄性獲取的精子量居然多出了一倍。

研究團隊利用高解析度斷層掃描影像 (CT) 仔細地比較 Neotrogla 與其他雌性蝨蟲的身體構造後，發現兩者能夠從雄性個體獲取的精子包囊數量並不相同。一般的雌性蝨蟲只能從雄蟲那邊獲取一個精子包囊，但 Neotrogla 雌蟲體內用來保存精子包囊的空間卻有兩個，這使得牠們在交配時，可以一次獲取兩個精子包囊，並先消耗其中一個來產生受精卵，而另一個則儲存著備用。

另一個驚人之處，也與上述能夠儲存兩個精子包囊的特徵息息相關，就是科學家們在 Neotrogla 體內發現了一種牠們獨有的「切換開關」。Neotrogla 雌蟲在用盡一個精子包囊的精子及養分後，就會啟動切換開關，接著從第二個精子包囊中使用養分及精子。Neotrogla 雌蟲還真是一個貪心的肉食系女子呀！

究竟什麼是雄性與雌性？

我曾經詢問過吉澤助理教授：「難道雌蟲身體上有陰莖組織，就不能把牠當成雄蟲嗎？到頭來，性別到底要如何區分呢？」

吉澤助理教授表示：「在生物學上，性別是由配子（Gamete，意指精子與卵子）的大小所決定，並不會因為個體擁有的生殖器類型而改變其定義。從另一方面來詮釋這個定義也就是表示，在我們的認知當中，那些帶有男人味或女人味的行動，在生殖行為上並沒有相對關係。這可以說是相當新潮的觀點。」

有名字的乳牛能產出較多的牛奶
——人類與牛都一樣重視感情

在科技進步的現代，幾乎就只有觀光客會用雙手擠牛奶，大概所有的酪農們，都已經改用自動榨乳機來擠牛奶了。而且現今的榨乳機器人功能還相當全面，不僅有些全自動的榨乳機器人，可以自動裝卸整部榨乳機；甚至還有些具備有個體辨識機能的機器人，可以在牛隻出現異常時通知酪農；此外，還有一種大型的圓盤式榨乳機，可以同時為八十頭乳牛進行榨乳。

然而，儘管自動化技術持續不斷地進步，但生產牛乳的依然是動物本身，所以產量並不會因為技術的提升而有所增加。不過，據說如果人類用愛來對待動物的話，動物也會有較好的表現。

英國研究者凱瑟琳．道格拉斯 (Catherine Douglas) 博士以及彼得．羅林森 (Peter Rowlinson) 博士透過研究發現，有名字的乳牛所產出的牛乳量居然比沒有名字的乳牛還要多，並在 2009 年時獲頒了搞笑諾貝爾獸醫學獎。道格拉斯博士表示，這項研究是想證明：「人類若是溫柔地對待牛隻，那麼牛隻便會予以回應」。至少，乳牛會有那樣的反應。

身為幫家畜與寵物等動物保障福祉的專家的道格拉斯博士等人，正是為了改善乳牛的生活狀況才展開這項研究。他們認為，只要改善人類與牛隻的接觸方式，就可以減輕牛隻日常累積的心理壓力和恐懼感。一旦累積過多的壓力，牛隻就會容易失控，如此一來對於人類也是相當危險的。道格拉斯博士本身就曾經被情緒失控的牛隻攻擊過，結果不是被踢到肋骨骨折，就是雙眼被撞得像貓熊。

道格拉斯博士在先行的研究中發現，只要用刷子幫牛隻刷毛，或是用手輕撫牛隻的身體，牛隻就會感到開心。

為了調查全英國的牛隻生活狀態，道格拉斯博士針對 516 名酪農進行問卷調查。這份問卷是從調查牛隻福祉的觀點出發，道格拉斯博士請酪農們回答：「您認為牛隻具備知性嗎？」、「您認為牛隻具有感情嗎？」、「您會用應對不同個體的方式對待每隻牛嗎？」、「您是用應對群體的方式來對待每隻牛嗎？」，以及「在日常生活當中，會出現牛隻感到害怕的狀況嗎？」等三十項問題。

在分析過所有酪農的回答內容後，道格拉斯博士發現，幾乎所有項目都和牛乳的產量沒有太大的關係，然而卻有一個問題是例外，那就是牛隻是否具有名字這一點。協助進行問卷調查的酪農們當中，有 46% 會為牛隻命名。分析結果顯示，為牛隻命名的酪農們所飼養的牛隻，牛乳產量比沒有為牛隻命名的酪農們高出 3.5% 左右。

道格拉斯博士表示，為牛隻命名的行為與牛乳產量增加並無直接關係。不過，為牛隻命名就象徵著該牛隻是受到重視的，這也意味著牠們能夠過著相當安心的生活，如此一來，就會導致牛乳的生產量出現差異。

除此之外，道格拉斯博士等人也針對年輕的母牛進行了其他研究。他們將已經有生產經驗的年輕母牛分成兩組，其中一組給予命名、輕撫以及用刷子刷毛等照顧，而另一組則是採用中立的態度予以對待。當這些年輕母牛產下小牛並開始產出牛乳後，研究團隊便針對兩者的行動模式與牛乳產量進行比較。實驗結果發現，那些具有名字的牛隻，在第一次接觸自動榨乳機時比較不會掙扎，而且牛乳產量也會多出 1～2 公升左右。

羅林森博士表示，從單頭雌牛的角度來看，並不會覺得牛乳產量有明顯增加，但若是以整群雌牛的角度來看，增加的產量就相當可觀了。尤其若是能夠在牛隻出生後 6～24 個月的這段期間內好好對待牠們，則牛乳產量便會增加得更多。相反地，若牛隻在這段期間感受到心理壓力，就會像人類承受壓力時一樣，釋放出名為皮質醇的壓力賀爾蒙，造成牛乳的產量減少。

出席頒獎典禮的羅林森博士從小就在酪農家庭中長大，因此在得獎感言中特別提到了他所熟悉的牛隻。他說道：「獲得此殊榮，我想要感謝幾個人類，但在那之前，我想先感謝參與實驗的牛牛們。尤其是我爸爸最喜歡的布魯貝爾、幸運草、奶油杯以及黛西，謝謝你們。」

而道格拉斯博士也透過其所隸屬的大學公關發表了以下感言：「在被人類用手撫摸後，每隻牛都會出現相當良好的反應。比如說，牠們會把頭靠過來，表現出開心與放鬆的樣子。這項研究結果證實了自古以來用愛來照顧牛隻的酪農們所深信的魔法。酪農們相信，只要為牛隻命名，並在牠們長大後也持續與其接觸，牛隻的幸福感以及對人類的信賴感便會提升，如此一來，牛乳的產量也會增加。」

審查委員會也深愛著牛牛？

除這項研究之外，其實也有好幾項與牛相關的研究獲頒搞笑諾貝爾獎。看樣子，委員會對牛似乎情有獨鍾呢。

首先是「從牛糞中可以萃取出香草的香氣成分」這項研究。一名研究該如何用簡單的方式將牛糞處理掉的日本研究者，因為這項研究而獲頒了 2007 年的搞笑諾貝爾化學獎。研究團隊在牛隻的飼料中混入了用來製作人工香草香料的原料成分，結果發現，該成分在牛隻的腸胃道中不會受到分解，而是會隨著糞便直接排出牛隻體外。在發現這個特點後，該研究團隊便想出了能夠從牛糞當中萃取出香味成分的點子。

另一個關於牛的研究則是發現：「若牛隻躺下的時間愈長，其站起來的機率就愈高。但當牛隻站起來之後，就很難預測牛隻會在何時再次躺下」。與其說這項研究結果是新的發現，不少人反而都會覺得是「理所當然」。不過，因為這個結論能夠讓人學會如何掌握牛隻的健康狀況，所以並不算是完全沒用的研究。

研究者們希望能夠研究牛隻在各種健康狀態下，會出現哪些行動變化。雖然有人提出「在身體不舒服的狀況下，躺下的牛隻數量自然會變多」這項假說來挑戰該研究的結果，但事實卻不是如此。現今，大部分具有規模的酪農們都陸續採用自動化的技術來管理牲口了。而這項實驗所研發出的偵測器與所應用的演算法，均能夠幫助酪農們掌握牛隻的健康狀態。

蚱蜢看到《星際大戰》會變得亢奮
——最喜歡的角色是黑武士

電影《星際大戰》系列在全球擁有無數的影迷。你知道嗎？就連蚱蜢看了都會感到興奮，難怪人類會對《星際大戰》如此瘋狂。

讓蚱蜢觀賞《星際大戰》，並監測其腦細胞活動的這項研究，在2005年時獲頒了搞笑諾貝爾和平獎。

主持這項研究的克萊爾．林頓 (Claire Rind) 博士，多年來投入研究於「為何蚱蜢或螳螂等會飛的昆蟲，在飛行時不會撞到障礙物」。

林頓博士所關注的焦點是蚱蜢的眼睛與大腦。一般來說，當有物體快速接近生物時，生物的視網膜便會反射性地急速擴大，並產生一種警告有外來刺激出現的神經訊號。在許多生物的大腦中，都擁有能夠接收該種神經訊號的細胞，當這些細胞感應到神經訊號後，便可以使生物做出反應，幫助牠們迴避迎面而來的天敵或障礙物。

在眾多的生物中，人們對於蚱蜢腦細胞的研究算是很詳細的，而這些研究的成果告訴了我們，蚱蜢其實擁有豐富的知性。林頓博士認為，蚱蜢的腦細胞結構不僅能夠活用於汽車防撞系統的開發，甚至還能夠擴大應用於監視系統技術以及電玩程式的設計。

林頓博士是在某汽車製造商的資助下，為了研究蚱蜢為何能夠預測自己是否會衝撞到物體，而展開了這項日後讓他獲獎的研究。林頓博士當時所選擇的研究方式，就是讓蚱蜢觀賞《星際大戰》中有物體急速衝撞過來的畫面。雖然許多電影都有那樣的畫面，但因為林頓博士本身是《星際大戰》的影迷，所以這系列作品才會雀屏中選。當然，這也是因為滿載了「X 翼戰機」以及「鈦戰機」（電影中出現的太空戰鬥機）作戰場面的原創三部曲中，本身就有許多衝撞的畫面，相當符合林頓博士的研究主旨。

於是，林頓博士邀請了一百隻蚱蜢觀眾前來參加《星際大戰》的特別上映會。為感謝蚱蜢們協助實驗，研究團隊還特別為大家準備了可樂與爆米花……怎麼可能？開玩笑的啦！

在電影播放期間，研究團隊利用針狀感應器來監測蚱蜢的大腦訊號。實驗結果發現，蚱蜢的特定腦細胞會對《星際大戰》中的某個畫面產生反應。

林頓博士在頒獎典禮上曾經表示：「分析結果顯示，蚱蜢們對黑武士特別會產生反應。蚱蜢們似乎超愛黑武士所乘坐的鈦戰機，我們所研究的腦細胞活動，總是在黑武士接近的畫面出現時特別活躍。」

這項研究的進行方式為：將蚱蜢的腦細胞反應記錄下來後，再對比電影的時間軸，藉此分析出蚱蜢會對哪些畫面產生反應。林頓博士回顧當時辛苦的分析過程說道：「因為是一格一格分析畫面，害我都已經看膩《星際大戰》了。」

有趣的是，後來林頓博士有一次去迪士尼樂園玩時，在某個遊樂設施上看見了他們在實驗中讓蚱蜢所觀看的畫面。他在接受某個英國地方媒體訪問時，曾這樣說明他當時的感受：「我那時候總算知道，那些（因為被固定住）無法動彈身體，而且（因為沒有眼瞼）無法眨眼的蚱蜢們，究竟是在什麼樣的感受下觀看電影的。」

雖然覺得很對不起蚱蜢們，但多虧有牠們的付出，我們的世界才能變得更加安全。林頓博士在頒獎典禮上表示：「蚱蜢的研究不過是漫長旅途的起點。多虧有這項研究，我們才能模仿蚱蜢的神經系統，開發出人工防撞系統。」

啄木鳥不會頭痛的原因

——為了保護身體不受衝擊，完成不可思議的進化

「人生中會遇到許多令人頭痛的問題，但你想像過一輩子用頭撞牆的感覺嗎？」

——伊萬·舒瓦布 (Ivan Schwab) 教授

人生在世，總是會不斷遇到阻擋在我們面前的高牆。然而，啄木鳥卻是過著刻意撞牆的日子。

棲息於北美洲的啄木鳥，可以用每秒高達二十次的驚人速度快速啄木，而且據說，牠們每天啄木的次數竟然多達一萬二千次。在啄木的過程中，啄木鳥每次所承受的撞擊力大約是 1,200 公克，這樣的撞擊力道，相當於在時速 25 公里的速度下，用臉撞牆的感覺。一般來說，人類在受到 150 公克的撞擊力道衝擊下便會暈倒。

加州大學戴維斯分校的伊萬·舒瓦布教授與菲利浦·梅伊（Philip May，獲獎時已去世）醫師便透過深入研究，探討啄木鳥是如何習慣這種抖 M 日常的原理。而搞笑諾貝爾獎委員會也基於此項研究，在 2006 年頒予兩人鳥類學獎。

事實上，讓舒瓦布教授感興趣的並不是啄木鳥會不會頭痛這件事，而是啄木鳥的眼睛為什麼不會因為撞擊而受傷？

身為眼科醫師的舒瓦布教授，相當熱衷於比較昆蟲、鳥類以及爬蟲類等人類以外的生物是如何看著這個世界。

人類頭部受到重擊時，就有可能造成眼睛後方的血管破裂或是視神經受到損傷。然而啄木鳥頭部受到撞擊時，不僅不會發生腦部障礙或脊椎損傷，也不會有視網膜剝離的問題。因此，曾為眾多車禍患者看診過的舒瓦布教授便決定進行研究，解開啄木鳥是如何在撞擊下保護自己毫髮無傷的原理。在探討的過程中，最具參考價值的文獻，便是梅伊醫師於 1970 年代所主持的研究。

舒瓦布教授表示，啄木鳥在演化過程中，已經發展出數個能夠保護自己不受衝擊傷害的生理特徵。主要的生理特徵如下。

- 顱骨中有一塊呈現厚厚海綿狀的骨頭，能夠像安全帽一樣保護腦部組織。
- 啄木鳥的腦部組織與人類不同，是完整地充滿了整個顱骨。啄木鳥的腦部組織周圍幾乎沒有脊髓液，並不像人類的腦部組織是漂浮在脊髓液當中，因此當啄木鳥在受到撞擊時，腦部組織並不會因亂漂亂撞而受到損傷。這項生理特徵也使啄木鳥尤其可以承受來自正前方的衝擊。
- 下顎周圍的組織構造宛如能夠吸收衝擊力的緩衝墊。啄木鳥的下顎是透過強力的肌肉與顱骨連接。在開始啄木前的千分之一秒時，這些肌肉便會收縮，發揮緩衝的功能。在這個緩衝墊的保護下，啄木鳥頭部所承受的衝擊力會分散至顱骨底部及後方，因此不會對腦部產生影響。
- 啄木鳥與人類一樣，在眼睛外側具有兩片眼瞼，但啄木鳥的眼睛內側還多出了一片眼瞼。這片內眼瞼的構造相當厚，不僅可以保護啄木鳥的眼睛不會在啄木時被飛濺的破碎木片刺傷，也能像安全帶一樣固定住眼球。若是沒有這片內眼瞼，不僅啄木鳥的眼球可能會飛出眼眶，甚至還會因為啄木速度過快而造成視網膜破裂。另外，啄木鳥的眼球外側相較起來偏硬，也可以防止視網膜隨便轉動。

……好一堆堅不可摧的構造呀！

搞笑諾貝爾獎頒獎典禮實錄

「一到求偶的季節，名為北美黑啄木的雄啄木鳥就會畫好地盤、準備食糧，並且開始尋找伴侶。為了能順利尋求另一半，雄鳥每天的啄木次數會多達一萬二千次，這種行為相當於人類以時速 25 公里的速度，用臉撞牆一萬二千次。在啄木鳥的特殊生理構造保護下，牠們並不會出現視網膜剝離、眼球飛出眼眶、腦震盪或是頭痛等問題。幸好啄木鳥擁有這些特殊的生理構造，否則好不容易找到伴侶的雄鳥在回家後，就只能跟另一半說：『親愛的，我今天頭好痛，所以沒心情陪妳了。』」

——伊萬．舒瓦布教授

※ 對了，舒瓦布教授是打扮成啄木鳥的樣子上臺領獎。

迷路的糞金龜會仰望星空
——無論是糞金龜還是人類，都是抬頭挺胸地走

當你對未來感到迷惘時，不如就抬頭仰望星空吧！

如果你是人類，會因此感到心情變好一些；如果你是糞金龜，天上則會有銀河為你指引方向。

獲頒 2013 年搞笑諾貝爾生物學獎以及天文獎的研究發現，糞金龜會透過星空來決定行進方向。對於我這種走錯路機率高達 99.9% 的路痴而言，這是一件多麼令人羨慕的事。不需仰賴地圖軟體，只要仰望星空就能找到正確的行進方向，實在是太酷了！如果我有那樣的能力，肯定會拿出來炫耀。

糞金龜尋找正確方向的方法看似浪漫，但其實背後的理由攸關生死。因為那樣的導航能力，可以幫助糞金龜找到食物。

在生物的世界中存在著許多怪咖。除了糞金龜之外，也有許多昆蟲會以其他動物的糞便為食。對於糞金龜而言，大型動物所留下的糞便不僅是食材的寶庫，更是爭奪食物的危險戰場。

糞金龜滾動糞便的行為其實也是一種生存戰略。糞金龜在發現一小團動物糞便後，就會以滾雪球的方式將其推離原地點，以避免競爭對手前來搶奪食物。直到抵達安全地點後，糞金龜才會將糞球拖入地底，慢慢地享受美食。若是無法即時將糞便推離發現地，其他競爭對手便會被糞便的氣味吸引過來，並且將自己好不容易收集的糞球搶奪

走。為了能夠最有效率地撤離，糞金龜演化出了這種採用直線路徑，從出發地前往安全場所的能力。

在一般的認知當中，糞金龜在白天時是仰賴日光、在晚上則是仰賴月光來確認方向，筆直行進。直線行進的方式比起彎彎曲曲或橫衝直撞的方式更具效率，也不必擔心繞了一圈後又回到原地。

在這項研究結果問世前，人們皆認為糞金龜在沒有陽光或月光的情況下會變得不太活動。然而，艾瑞克．瓦蘭特 (Eric Warrant) 教授所率領的瑞典隆德大學研究團隊在南非進行研究時，卻偶然觀察到了令人意外的現象。瓦蘭特教授在接受英國《衛報》(*The Guardian*) 採訪時表示：「我們偶然發現在沒有月光的夜晚，糞金龜們居然依然可以筆直行進。因此我們推測，牠們可能是在仰望星空時，將宛如銀絲帶般的銀河作為指引方向的工具。」

因此，研究團隊便開始展開了銀河實驗。在實驗當中，研究團隊為糞金龜量身打造出一種專用的厚紙製帽子，只要戴上帽子，糞金龜便會無法看見夜空，如此一來，就能夠確認糞金龜是否是利用來自天空的線索而前進。而實驗結果也如同研究團隊所預期，在糞金龜戴上帽子後就無法筆直行進了。

除此之外，研究團隊為了確認糞金龜所觀察的對象為銀河，抑或是其他星體，還特別將糞金龜帶往位於約翰尼斯堡的天文星象館進行實驗。結果發現，當糞金龜能夠看見滿天星空或只看見銀河時，均能夠筆直行進;但若是只能看見一顆閃亮的星星，就會手足無措地迷路。這是人類在生物學領域當中，首次證明生物會利用銀河來導引行進方向，可以說是一項重大發現。

為此，瓦蘭特教授進行了以下推測：就大部分昆蟲的視力而言，幾乎所有的星星都會因為光線太暗而無法看清楚，但呈現帶狀的銀河因為相當明亮，尤其是在南半球可以看見銀河最明亮的部分，所以才能發揮導引方向的功能。

此外，共同研究者瑪莉．達克 (Marie Dacke) 教授認為，糞金龜導航能力的研究論文，也能夠作為動物大遷徙行動的研究參考資料。另外，那些在夜間活動的鳥類與飛蛾，也有可能是以銀河作為指引方向的路標。

另一項關於糞金龜的研究

糞金龜不只浪漫，還是個講究的美食家。

在 2006 年榮獲搞笑諾貝爾營養學獎的研究發現，比起肉食性動物的糞便，糞金龜其實更加喜歡草食性動物的糞便。據說，牠們最喜歡的是馬糞，其次則是綿羊與駱駝的糞便。

哺乳類在排尿上耗費的時間都差不多
——重點在於尿道的長度與直徑

「女性上廁所所花的時間較長，所以女廁才會總是大排長龍」，其實這個說法並不算正確。根據 2015 年獲頒搞笑諾貝爾物理學獎的研究結果來看，無論男性或女性，無論是人類或是貓、狗、馬、象，幾乎所有哺乳類都能在 21 秒內完成排尿的過程。

發現該事實的人，是由胡立德 (David L. Hu) 教授與楊佩良 (Patricia J. Yang) 博士所領導的美國研究團隊。平時，他們都是透過流體力學的觀點來研究所有動物的活動特性。

這個研究起始於一個好笑的意外。一天，胡立德教授在為還是嬰兒的兒子換尿布時，他的兒子竟然直接尿在了胡教授的身上，而且還整整尿了 21 秒。這讓胡教授大感意外，沒想到如此嬌小的嬰兒，排尿時間居然這麼長。接著，他也測量了一下自己的排尿時間，居然也是21秒！這個發現使得胡教授對於其他動物的排尿時間產生了好奇，於是研究團隊便開始在大學附近的動物園拍攝動物排尿的過程，並進行比較。而比較結果顯示，無論身體大小或性別為何，只要是體重大於 3 公斤的哺乳類動物，其排尿所耗費的時間都差不多。

在這項研究中，完全不存在「隱私權」的概念。研究團隊在動物園及公園等地架設了高速攝影機，用來拍攝老鼠、小狗、山羊以及大象等動物排尿的過程。除此之外，也從 YouTube 上搜尋了其他寵物或動物園裡的動物相關參考影片。接著，研究團隊再以慢動作播放這些影片，藉此分析三十二隻動物排尿的動作與狀態。

比較結果顯示，所有動物都能在 21 秒（±13 秒）以內完成排尿動作。根據另一項研究的數學模式來看，哺乳類在膀胱全滿的狀態下，排空尿液所需的時間與該動物體積的六分之一成比例。換言之，即便體積差異再大，所有哺乳動物排尿所需的時間都是差不多的。

為何會發生這樣的現象呢？其實關鍵就在於重力。在所有動物體內都存在著排尿所需的管道，而排尿管道的尺寸大小與該動物的體型大小有關。具體來說，大象尿道的直徑約為 10 公分，長度則約為 1 公尺左右，這樣的尺寸已經跟住家裡的水管差不多了。管道愈長，尿液往下流到管道末時的速度就會愈快，因此儲存在大象那巨大的膀胱中，多達 18 公升的尿液，便能夠以驚人的流量向外排放。

相反地，小狗或山羊等中型動物的尿道較短，重力引發的加速度也較小，因此排尿的速度也會較慢。當然，這些中型動物的膀胱容量也比大象小，排出的尿液量也比較少。將這些因素綜合計算後，大家排尿所耗費的時間便都是差不多的。

另一方面，老鼠及蝙蝠等體重低於 3 公斤的小型動物則是例外，其排尿耗費的時間大多落在 1 秒以內。這些小型動物還有一個排尿特性，那就是尿液會以類似用滴管滴水的方式排出體外。牠們的尿液在排出體外時會產生表面張力，因此不會連續排放，而是像水滴般斷斷續續地排出。

團隊的研究分成兩部分。除了「小號」之外，還有包含「大號」的部分。在關於「大號」的研究中，他們發現幾乎所有哺乳類都能在 12 秒內完成排便。

大型動物的糞便體積通常會較大，在腸胃中移動的距離也會較長。舉例來說，大象的糞便必須經過長達 40 公尺的直腸，才能順利排出體外。但因為大象的腸道中有濃稠的黏液，能夠讓糞便像是從斜坡上向下滑動，因此即便是所需移動距離較遠，依然能順暢通過。也正因如此，大象才能夠在 12 秒左右完成排便。若是考量到腹瀉與便祕的問題，其排便時間則會增減 7 秒左右。

關於動物排便所需的時間，楊佩良博士在接受《*New Scientist*》雜誌訪問時曾表示：「排泄物的氣味會吸引來獵食動物，使自己陷入危險之中。也就是說，如廁的時間拖愈長，動物的生命安危就愈加堪憂。」

糞便部分的研究也與排尿一樣，研究材料的取得方式，包括動物園和公園的實地觀察，以及網路上所搜尋到的相關影片。而研究團隊所收集的糞便相關研究數據，最後被運用於開發太空人專用的尿布。

對於太空人而言，穿脫太空服是相當麻煩的一件事，因此日常生活中穿脫太空服的次數能愈少愈好。然而，在更換尿布的時候，就一定要脫掉太空服才行。因此 NASA 便對外招募研發創意，希望開發出能在穿著太空服的情況下，以不沾手的方式處理掉排泄物的系統。

為了解決這個問題，楊博士等人巧妙地運用糞便研究所蒐集的資料，分析出了糞便的平均黏度，並依此設計出讓糞便不會直接接觸肌膚的尿布。最後，他們的發明順利地通過了最終審查而獲選。他們獲選的最大理由，就是順利處理排泄物將有助於維持太空人屁屁的健康。

搞笑諾貝爾獎頒獎典禮實錄

「你曾經將碼表帶進廁所裡嗎？你曾經數過小狗或小孩需要花多久的時間尿尿嗎？你看過貓熊、山羊或是大象尿尿嗎？如果你曾經看過，那你應該知道，3 公斤以上的哺乳動物需要耗費多少的時間來排尿。平均來說，哺乳動物排尿需耗費 21 秒的時間，我們將這個現象命名為『排尿法則』。下次去廁所時，若前一個人待在廁所裡的時間過長，就請敲門並溫柔地對他說：『排尿法則』提到，人類只需要 21 秒就能完成排尿喔！」

——胡立德教授

在屁股加上重量後，
雞走起路來就會像恐龍
——敬請放心，雞不會因此變得兇暴

人稱「最強恐龍」的霸王龍，是深受孩童喜愛的超人氣恐龍。究竟有沒有辦法在現今的世界重現霸王龍走路的英姿呢？

在「侏儸紀公園」還沒有實現的當今，我們並沒有辦法知道霸王龍真正的走路方式。而鳥類，其實是大自然留給我們的唯一線索。目前科學家們普遍認為，鳥類是由雙足步行的肉食恐龍演化而來，而且同樣也擁有銳利的牙齒。

為了證實這個推論，智利的演化生態家布魯諾．格羅西 (Bruno Grossi) 博士與荷西．伊利阿爾戴－迪亞斯 (José Iriarte-Díaz) 博士便著手進行嘗試，為雞裝上人工尾巴，讓雞「恐龍化」。他們用黏土將一根可以當成恐龍尾巴的木棒固定在雞的屁股上，並且觀察雞的步行方式。不得不吐槽一下，外觀看起來就像是將用來通馬桶的「馬桶疏通器」死死黏在雞屁股上。據說，被黏上尾巴的雞，走起路來就會像恐龍。針對這項發現，搞笑諾貝爾獎在 2015 年特別頒予了生物學獎。

至於為何要展開這項研究，迪亞斯博士在受訪時這麼說：「在恐龍演化成鳥類的過程中陸續出現了許多變化，其中最顯著的不同之處，就是尾巴消失了。在尾巴消失後，雞的身體重心位置也出現變化。面對這個難度極高的研究主題，我最後決定採取較為有趣的方式進行。」

在發表這項研究內容的論文中也有附上相關影片，只要上網搜尋，就能看到雞裝上尾巴後，如恐龍一般的走路模樣[1]。迪亞斯博士表示，只要仔細觀察就可以發現，當雞化身成恐龍後，在走路時身體會略為前傾，而且每一步的步行時間也會拉長，這個現象是因為尾巴的重量導致雞的重心往後偏移所致。此外，雞在模仿恐龍步行時，也必須將脖子伸長才能維持整個身體的平衡。另一方面，一般的雞在步行時，會常出現彎曲膝部的動作，而且體幹本身並不太會上下活動；然而在模仿恐龍步行時，卻與人類一樣，髖關節也會產生移動，而且體幹上下活動的動作也較多。

裝上尾巴的雞

被裝上尾巴的雞，是在出生後不久就已經裝上尾巴，因此牠們並不知道一般的雞是如何步行的，甚至不曉得其他雞根本就沒有尾巴。

---

❶ 有興趣的讀者，可至該論文網址觀看雞走路的模樣：https://journals.plos.org/plosone/article?id=10.1371/journal.pone.0088458

研究團隊在雛雞孵化兩天後，就用黏土幫牠們黏上木製尾巴，並且會隨著雞隻的成長而不斷更換新的尾巴。在這項實驗中，團隊發現，只要在鳥類的成長過程中裝上「尾巴」這個恐龍的身體特徵，那麼這些鳥類在長大之後，步行方式就會變得跟恐龍一樣。

這項發現可以說是此研究最想傳達給世人的重點。畢竟今後人們在研究恐龍的動作時，就可以先在成長階段的鳥類身上添加恐龍的身體特徵，如此一來，待這些鳥類成長後，就能重現恐龍的動作了。

格羅西博士表示，接下來他想要研究恐龍在步行時，是否會像雞一樣前後活動頭部。不過他認為，這項研究不能利用雞來進行，而是要借助機器人才行。在接受智利電視臺的訪問時，格羅西博士突然開玩笑說道：「如果恐龍會像雞一樣前後活動頭部的話，那麼史匹柏導演的電影就得大幅修正內容了。」

除了動作研究外，在許多不同的恐龍研究中也能見到雞的蹤影。

電影《侏儸紀公園》中的古生物學家亞倫．葛蘭特這個角色的原型，是現實世界中的傑克．霍納 (Jack Horner) 博士。霍納博士就曾經宣告，他想要用雞來復刻出恐龍。據說截至2014年為止，他仍然在研究如何讓雞生長出尾巴。

其他研究團隊也會利用雞來進行各種研究。例如：某個研究團隊就透過基因工程技術，發現雞喙的生長位置相當於恐龍的鼻子；另一個研究團隊則是成功培養出了擁有恐龍腿部特徵（脛骨較長等）的雞胚胎。

在研究中捨身付出的雞先生與雞小姐，辛苦你們了！

|專欄|

電影中的科學

由於科幻電影及影集較為重視娛樂性，因此從科學的觀點來看，經常會讓人滿頭黑人問號。不過，也有不少作品傳達給觀眾相當正確的觀念。在這邊就為大家介紹這些電影中的三部代表作品。

以下，小心暴雷。

一、《星際效應》（*Interstellar*，2014年）

這是一部講述人類在面臨存亡之際，積極尋找能夠取代地球的新居住行星的故事。

這部作品在製作時，還特別邀請了加州理工學院的太空學家來擔任顧問。對於作品中所描寫的物理知識正確度，物理學家加來道雄 (Kaku Michio) 在觀看過後都不禁稱讚：「僅有破壞一點點的物理法則，相當推薦！」

作品中最受物理學家們讚揚的場景，包括：可以利用蟲洞從宇宙的一個點移動到遙遠的另一個點、蟲洞呈現圓球體，以及時間流速在接近黑洞時會變得比在地球上還慢。

二、《絕地救援》（*The Martian*，2015 年）

這是一部講述麥特．戴蒙獨自在火星上種植農作物的故事。

在電影中，只要提到火星就一定會出現大規模的沙塵暴場景。而火星上那巨大的龍捲風與低溫，也相當符合現今科學的見解。

從理論來看，在火星上的確可以利用人類的排泄物來製造植土，並且用於栽種馬鈴薯。也就是說，只要具備適當的條件，就可以持續不斷地種植馬鈴薯。另外，主角在火星上所居住的充氣式太空基地，其實也是 NASA 所研究開發出來的產物。

三、《斯洛柏恩島》（*Slow Burn* ／ *Sløborn*，2020 年）

這是一部由德國與丹麥共同製作的連續劇，內容講述北海某個小島上出現了神祕的病毒，還引發了大流行。劇情中，神祕病毒肆虐下所發生的社會變化，可以說是相當正確地「預言」了當今的世界。

這部作品拍攝於新冠肺炎流行之前的 2019 年。劇中，有許多原本沒有戴口罩習慣的國家，人民都為了預防神祕病毒而開始戴起口罩。除此之外，劇中還提到人們開始採取社交距離與隔離政策，甚至是出現了病毒起源地的相關陰謀論。這些內容都與我們當今生活的環境極為相似，實在令人不寒而慄。

Part 4

研究者的親身體驗

搞笑諾貝爾獎就是要身體力行！

工作型態改革、提高生產力、限制加班時數上限，我們生活的世界，變得開始追求更具效率的工作型態。工作狂加班、拼命工作的方式，在這個時代已經不受青睞了。

但……即便如此，有時候瘋狂捨身表現的努力，還是會受到眾人所關注。

- **「讓蜜蜂螫自己的身體，找出最痛部位的學生」**（第 103 頁）
- **「吞下整隻鼩鼱，分析人體消化方式的研究者」**（第 113 頁）
- **「為了和山羊一起生活，製作山羊裝的設計師」**（第 116 頁）

或許這些人的實驗方式並不聰明，但卻能夠讓人明確感受到，他們對研究主題的愛有多麼深切。

在這一章當中，將會為大家介紹研究者們身體力行參與的實驗。

……不過，好孩子可千萬別模仿喔！畢竟搞笑諾貝爾獎都是頒發給「不應該重現的研究」。

為了研究而讓蜜蜂螫
——親自實現並進行徹底比較

為了研究，任何痛苦都能夠忍受……有些研究者不顧一切投入研究主題，甚至甘願承受肉體上的痛苦。

2015 年的搞笑諾貝爾生理學獎以及昆蟲學獎，就是頒發給如此犧牲的兩位研究者。其中一位是讓各種昆蟲叮咬自己，並藉此建立出叮咬疼痛指數的賈斯汀．斯密特 (Justin Schmidt) 研究員（當時任職於美國農務局的研究機構）；另外一位則是讓蜜蜂螫自己身體的各個部位，並且評估各部位疼痛程度的麥克．史密斯 (Michael Smith)（當時為康乃爾大學的研究生）。

建立各種昆蟲叮咬疼痛指數系統的斯密特研究員，在世界各地採集昆蟲標本時，經常會不小心遭到各種蚊蟲叮咬。為了讓世人也能瞭解這些疼痛的感受，於是他便開始進行紀錄。這項由他建立的系統，就是所謂的斯密特叮咬疼痛指數。

這套指數系統將疼痛從 0 到 4 區分成五個階段，各級的評估標準範例如下。等級 0：「對人類來說不痛不癢」、等級 2：「等同於被蜜蜂螫的疼痛」、等級 4：「最為劇烈的疼痛」。這套在 1983 年問世的指數系統之後被不斷地修正，而斯密特研究員被昆蟲叮咬的紀錄也在 2016 年集結出版成冊。最後，斯密特研究員總計共被八十三種昆蟲叮咬，並將實際感受到的痛覺進行分類。

所謂「痛覺」，其實具備著許多不同的性質。舉例來說，有些在局部範圍立即產生的疼痛感也會立即消失；但有些疼痛感卻是會慢慢浮現，而且久久不會消失。因此，斯密特研究員撰寫的出版物除了 1983 年版外，之後推出的改版品中皆有詳細標註疼痛的感觸。

目前，只有三種昆蟲的叮咬疼痛指數被歸類在等級 4：「最為劇烈的疼痛」，分別是南美洲的勇士黃蜂 (*S. septentrionalis*)、美國西南部的沙漠蛛蜂 (*Pepsis thisbe*)，以及中南美洲叢林中的子彈蟻 (*Paraponera clavata*)。以下是關於上述三種昆蟲叮咬時所造成的疼痛感的詳細描述。不知道是不是我想太多了，但那些宛如詩篇般的內容，似乎硬生生地讓疼痛感昇華成其他感受。

- 勇士黃蜂：「宛如拷問。感覺就像被用鐵鍊綁在流動的火山岩漿當中。我為何要加入這項指數呢？」

  據說不管再強的人，被叮咬之後都會感到後悔。

- 沙漠蛛蜂：擁有 0.5～1 公分左右的強力毒針。「一種盲目、粗暴，類似觸電的衝擊感。宛如是在享受泡泡浴（在充滿泡泡的浴缸中泡澡）時，吹風機不慎掉入浴缸裡，天譴般的一擊！倒下，盡情地吶喊吧！」

  遇到牠的話，先跑再說吧。

- 子彈蟻：相當特別與突出。不只是被螫咬的當下劇烈疼痛，而且還會持續 12 小時以上。「純粹且強烈，似乎散發出刺眼光芒的疼痛。感覺就像腳跟被打入一根生鏽的長釘，並且赤腳走在燒紅的炭火上。」

  據說巴西原住民在成為戰士之前，必須先通過子彈蟻的試煉。

至於另一個得獎的研究，史密斯先生則是讓蜜蜂叮咬自己，並藉此蒐集較為定量化的數據。史密斯先生原本的研究對象，是螞蟻或蜜蜂等社會性昆蟲[1]。與斯密特研究員的疼痛指數是以各種昆蟲種類進行評比不同，史密斯先生是著重於同一種昆蟲的螫咬，在身體不同部位造成的疼痛感受。

為了使數據能夠作為統計參考使用，史密斯先生總共讓蜜蜂螫咬自己身上二十五個不同部位，而且每個部位至少重複螫咬了三次。不過，蜜蜂並不會聽從人類的指令，去叮咬史密斯先生想進行實驗的部位，因此史密斯先生會使用鑷子將蜜蜂夾住，再放到欲實驗的部位上，並在蜂螫之後停留 5 秒。統計下來，史密斯先生在 38 天的實驗期間，總共被蜜蜂螫了二百次左右。

史密斯先生統整之後得出結論，被蜂螫最疼痛的部位是鼻翼和嘴唇。對於男性而言，其次疼痛的部位是陰莖體（陰莖前端下方的部分）。史密斯先生在接受聯合通訊社採訪時表示：「鼻翼被蜂螫時，因為過度疼痛，感覺好像全身都痛了起來。」

除此之外，史密斯先生也有在陰囊或乳頭等部位進行實驗，但疼痛感都遠不及鼻翼。相對比較之下，較不會疼痛的部位包括顱骨、腳趾前端的中央以及上臂。雖然說是比較不會痛，但我還是不想被蜜蜂螫到。

---

❶ 過著巢穴集體生活，且每個個體均有著各自不同職責的昆蟲。

自助式大腸內視鏡檢查
——朝自己的屁屁……嘿呀！

儘管日本名列為先進國家，但仍有許多國民不幸死於大腸癌。

在所有癌症當中，大腸癌屬於及早發現，就能簡單治療的類型。在進行相關檢查時，醫師會透過內視鏡在大腸當中檢視是否有瘜肉生長，只要發現惡性瘜肉就會當場進行切除。

只要確實切除瘜肉，便有九成的機率能夠抑制大腸癌發生。儘管如此，日本每年死於大腸癌的人數卻有逐步增加的趨勢。根據 2018 年的統計資料顯示，女性癌症死因中排行第一名的就是大腸癌。

這究竟是怎麼回事呢？飲食習慣西化以及運動量不足（就全世界範圍的統計數據來看，日本人的運動量明顯偏低）等因素，都是引發大腸癌的主要原因。但日本人對於內視鏡檢查的消極態度，卻也是造成大腸癌死亡率無法下降的主因。所謂內視鏡檢查，就是透過肛門讓內視鏡進入體內進行檢查。除了害羞之外，疼痛的不適感也是大家對這項檢查敬而遠之的原因之一。

服務於長野縣境內醫院的堀內朗 (Horiuchi Akira) 醫師，過去就不斷思考如何改善這個狀況。為此，堀內醫師便開始摸索能夠減緩內視鏡檢查疼痛感的方法。

在進行一般的內視鏡檢查時，醫師會請患者躺下，並將長管狀的內視鏡從患者的肛門置入體內。在摸索如何消除內視鏡檢查不適感的過程中，堀內醫師發現，以坐姿進行檢查似乎是可行的。而且不僅如此，堀內醫師最後還發現了以坐姿自己進行內視鏡檢查的方法。將該經驗整理成報告書後，堀內醫師便在 2018 年獲頒了搞笑諾貝爾醫學教育獎。

在進行自助式內視鏡檢查時，第一步就是坐在椅子上並將雙腳微微張開，接下來是用左手操作鏡頭，並用右手將內視鏡管靠在鼠蹊部上。這時候，只要從手術服靠近肛門的開口處將內視鏡插入肛門，就可以不假他人之手讓內視鏡進入自己體內。在檢查過程中，只要巧妙活動右手，就能讓內視鏡進入更深處進行檢查。不過手在兩腿間動來動去的畫面，還真的不希望被看見呢！

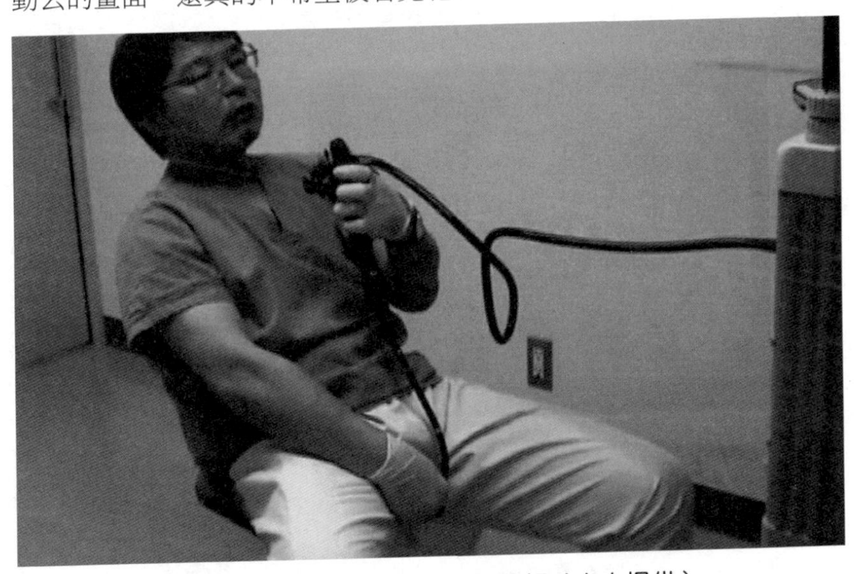

進行大腸內視鏡檢查的堀內醫師（本人提供）

堀內醫師在開始嘗試自助式內視鏡檢查時，因為太過於簡單，而且沒有不舒服的感覺，因此在兩個月內還反覆進行了好幾次。

後來堀內醫師發現，無論是任何一種檢查，即便是使用相同的儀器，在檢查中有時候會感到疼痛不舒服，但有時候卻完全沒有不適感，因此堀內醫師在報告書中提到以下內容：「即便是同一位患者，對於檢查的舒適度感受也不會每次都相同」。

但……這個發現似乎對於提升大眾接受大腸內視鏡檢查的意願並沒有太大的幫助，因為有許多患者覺得，坐著進行檢查反而更害羞，因此並沒有患者願意接受自助式內視鏡檢查。

然而，堀內醫師在這條路上並不孤單。據說，在獲頒搞笑諾貝爾獎之後，有意願前往堀內醫師所服務之醫院接受內視鏡檢查的患者也有所增加了。

堀內醫師還建立起一套檢查方式，讓沒有預約的患者也能在當天接受內視鏡檢查。一般來說，若想降低患者的不適感，就得為患者施行麻醉，但患者從麻醉到甦醒為止，通常需要耗費 3～4 小時。而若是透過堀內醫師所提案的方式，患者卻僅需 1 小時就能甦醒。多虧了堀內醫師的方法，才使得交通不方便或是自駕患者多的地區之民眾，接受大腸內視鏡檢查的門檻大幅降低。

此外，堀內醫師在院內所採用的瘜肉切除術稱為「瘜肉冷切除術 (Cold Snare Polypectomy)」。一般常見的切除術，是利用通電的方式進行電燒切除，而這種方式存在著患者回家後，因出血而陷入貧血狀態，甚至是具有大腸壁出現破洞的風險。另一方面，由於瘜肉冷切除術所使用的器材較為細小且銳利，因此在術中，黏膜的出血量便會明顯減少。對於較小的瘜肉而言，冷切除術可以說是相當有效的切除方式。堀內醫師透過實際治療後的案例證明，即便是服用了抗凝血藥物的患者，接受這項治療時的出血量也相當少。

在獲頒搞笑諾貝爾獎之後，或許堀內醫師那個「希望偏鄉不再有大腸癌病例」的心願正在一步步實現當中。

日本的大腸癌檢查現狀為何？

我向堀內醫師詢問：「相較於其他先進國家而言，日本的大腸癌檢查現況為何？」

堀內醫師表示：「不同於歐美各國，日本的大腸癌篩檢（針對無異常症狀之患者所施行的檢查）仍以糞便潛血檢查為主流。然而最大的問題在於，糞便潛血檢查呈現陽性的患者，繼續接受內視鏡檢查的比例偏低（低於50%）。即便是接受大腸內視鏡檢查，日本醫師還是不會完全切除患者所有的大腸瘜肉，僅是切除較大瘜肉，這樣的方式其實會拉低大腸內視鏡檢查的有效性。」

現今日本國內對於大腸內視鏡檢查的見解與手法，依然與二十年前並沒有太大的差異。不過，也有一小部分的內視鏡醫師已經開始採用歐美的手法，或是堀內醫師的提案。從這一點來看，可以說是正朝著好的方向持續發展。

持續聞嗅 131 種青蛙的氣味
——壓力大的青蛙聞起來是什麼味道？

腰果、印度咖哩、卡布奇諾——這些都是青蛙壓力大時所釋放出的其中幾種氣味。不同品種的青蛙，所釋放出來的氣味也不盡相同。

有個研究團隊在實際嗅過青蛙氣味後，將這些氣味具體分類成 131 個種類別。以班傑明．史密斯 (Benjamin Smith) 博士為首的澳洲研究團隊與香水專家共同進行的這項研究，在 2005 年獲頒了搞笑諾貝爾生物學獎。

一直以來，史密斯博士持續進行著青蛙所釋放的化學物質特性的研究。青蛙會透過皮膚的分泌腺釋放出化學物質，而這些化學物質通常都會帶有毒性，或引起生物的不適感，青蛙就是藉此來保護自己不受敵人傷害。換言之，當青蛙感受到壓力或危機時，便會釋放出這些化學物質來保護自己。

此外，研究團隊發現，這些化學物質不僅具備抗病毒、抗黴菌，以及抗細菌等特性，有些化學物質甚至可以作為強力止痛劑，或是能夠防止蚊子、老鼠、鳥等生物接近。而這些化學物質當中的一項，正是倫敦、巴黎及紐約等地用來驅趕鳥類所使用的物質。

你知道嗎？其實從以前，就有許多人能夠區分出青蛙的氣味。從 1990 年代初期開始，就有研究專家或業餘兩棲類愛好者提出報告，詳細敘述各種青蛙的氣味。但在過去，並沒有任何人專門鎖定青蛙的氣味進行比較分析，因此該澳洲團隊的研究，就成為了最完整的青蛙氣味研究。而這項研究的另一個目的，就是確認氣味相似的青蛙，在演化學上是否屬於相近的物種。

這項研究的進行過程可以說是一場壯大的「嗅嗅大賽」。

首先，每一種青蛙的實驗都會分配八位以上的志工。這些志工在嗅聞青蛙的氣味之前，都要先聞過負責拿青蛙的工作人員之手，藉此作為氣味的比較對象。接著研究人員開始讓青蛙感受壓力，並在開始釋放出化學物質的時候，將青蛙置於志工鼻下約 15 公分處，讓志工們實際嗅聞青蛙的氣味。在整個研究實驗中，志工們總共需要嗅聞 131 種青蛙的氣味。

史密斯博士、麥克．泰勒 (Michael Tyler) 博士，以及共同參與研究的克雷格．威廉斯 (Craig Williams) 一同參與了搞笑諾貝爾獎頒獎典禮。史密斯博士在臺上說道：「在實驗中，我最早聞到的手，是共同研究者麥克．泰勒博士的手。」

研究結果發現，青蛙的氣味大致可區分成堅果型、蔬果型、香料型、土石型，以及刺鼻的惡臭型五種。泰勒博士在 2005 年接受澳洲廣播公司採訪時表示：「每一種青蛙在感受到壓力時，都會釋放出獨特的氣味。例如：棲息在樹上的青蛙通常會釋放出類似花生或腰果這種微甜的氣味；另一方面，有些青蛙則是會釋放出類似咖哩的香氣，而且還可以細分成偏甜的孟買咖哩味，或是印度北部那種充滿辛香料的咖哩味。」

除此之外，還有 20 種青蛙會散發出青草被切碎時的氣味，甚至有些青蛙會釋放出腐肉般的刺鼻惡臭、卡布奇諾般的咖啡香、廁所芳香劑般的清新香氣，或是髒襪子般的臭味。

從部分紀錄來看，有些青蛙雖然沒有明顯的氣味，但卻會讓眼睛出現刺激的不適感。由於人類無法感測到部分的氣味，此時就必須透過分析成分的方式，才能正確掌握該青蛙所釋放的化學成分為何。

青蛙釋放出的氣味究竟是如何發揮防衛的機能呢？關於這一點，其實還有許多未解之謎。但研究團隊還是提出了以下幾個可能性：模仿有毒生物的氣味（土石的氣味）、偽裝成花草（花草的氣味），或是對接近的敵人發出警告。

在這項研究中，共蒐集了131種青蛙的氣味。然而在全球範圍中，包括青蛙在內的兩棲類生物種類目前正在急遽減少當中。其實從數十年前開始，有一種名為蛙壺菌的病原體就悄悄地持續撲殺青蛙與山椒魚。感染這種黴菌的青蛙和山椒魚，皮膚都會變得僵硬，或是會不斷地脫皮，如此一來，這些生物就會因為無法透過皮膚呼吸而死亡。

從最近的研究來看，蛙壺菌大約對 501 種兩棲類造成了嚴重的生態打擊，甚至有 90 種生物因此正面臨著絕種的危機。回顧過去所有的歷史紀錄，生物多樣性遭破壞的最主要原因，其實有許多就是源自於病原體感染的問題。

透過基因分析發現，蛙壺菌來自於東亞，而且這種病原體從許久以前就已經存在於日本的自然界。也正是因為如此，日本本土的蛙種才會對於蛙壺菌擁有頑強的抵抗力。然而，隨著日本本土種的青蛙被輸出到海外作為寵物，蛙壺菌便有可能擴散到更多的地區。

試著吞下整隻死掉的鼩鼱

——挖掘現場的骨頭，是人類獵食的證據？

在考古學研究中，人們可以透過垃圾堆放的場所以及糞便中的動物骨頭，來推測過去棲息於該地的人類以何為食。

據說在考古挖掘現場中，經常可以發現小動物的骨頭。當時在紐約的大學就讀的布萊恩．克蘭德爾 (Brian Crandall) 先生以及其指導教授彼得．斯塔爾 (Peter Stahl) 注意到一件事：「嚴格來說，我們並無法知道這些小動物是在這一帶與人類先祖共存的生物，抑或是……被人類所吃掉的食物？」畢竟過去沒有人做過這方面的調查，所以人們並不清楚通過人體消化道之後，小動物骨頭會呈現怎樣的狀態。

為了解決這個問題，他們決定親自參與一項實驗——邀請「一位匿名志工」，將一隻小動物完整吞下的實驗。對於這項研究，搞笑諾貝爾獎委員會於 2013 年頒予了考古學獎。

實驗的第一步，就是取得小動物。他們利用彈簧式捕鼠器捕捉到一隻體長將近 10 公分的鼩鼱[2]，接著去除其外皮及內臟，並用沸水烹煮約 2 分鐘。煮熟之後，以不破壞骨頭結構為前提，仔細地將鼩鼱切成前腳、後腳、頭部、軀體以及尾巴等部位，並且不咀嚼地分段吞下整隻鼩鼱。在調味的部分，據說是加了一點番茄醬。

---

❷ 具有尖尖的鼻子，外觀像是老鼠的生物。與刺蝟和鼴鼠屬於同類。

究竟吞下鼩鼱的人是克蘭德爾先生，又或是斯塔爾教授呢？關於這一點，他們並未明講，僅表示：「雖然無關研究成果，但帶點神祕感還是比較有趣。」

在之後的三天當中，他們會仔細地觀察糞便。具體來說，他們會將糞便放到鍋子裡，並用熱水使其化開，接著在用布將糞水過濾之後，以稀釋過的清潔劑沖洗過濾出來的殘骸，最後再透過放大鏡尋找殘骸中的骨頭或骨頭的碎片。尋找到骨頭後，他們會利用放大倍率為10～1,000 倍的電子顯微鏡仔細進行觀察。然而，在研究報告中，他們並未說明骨頭之外的「殘骸」為何物。

他們原本以為，較大的骨頭會完整地隨著糞便排出體外。然而，人體胃部的消化能力實在太過於驚人，別說是較大的骨頭了，糞便中幾乎找不到骨頭的存在。

由於實驗時並未咀嚼，因此他們推測，鼩鼱的骨頭全都被胃酸給溶解了。尤其是鼩鼱那大大的顎骨、四顆大牙齒以及大部分顱骨，他們完全沒想到，這些堅硬的骨頭會消失得如此徹底。絕大部分的骨頭，都在第一天就隨糞便排出體外；第二天只排出了兩個碎片；到了第三天，甚至沒有任何骨頭的蹤跡。這樣的分解能力，似乎已經超越了小型肉食性動物所擁有的能力。

經由這個實驗我們可以得知，當人類吞下整隻鼩鼱後，其骨頭會受到怎麼樣的破壞。可惜的是，斯塔爾教授表示，該研究成果並無法應用於他的其他研究。最主要的原因是，他在挖掘現場並未發現過鼩鼱的骨頭。而且近年來，斯塔爾教授大多是待在南美的考古現場進行研究，當地的氣候並不利於骨頭等有機物的保存。

即便如此，這項研究在發表之後，還是有將近五十篇論文曾經引用過其內容。由此可證明，對於某些人而言，這絕對是一項有參考價值的研究。

除此之外，斯塔爾教授在接受加拿大廣播公司採訪時曾經說過：「對於世界其他地區分析人類糞便化石的研究者而言，這項研究或許具有參考價值。不過我個人也蠻好奇在咀嚼、燒烤以及熬煮等不同條件下，會帶來哪些不同的實驗結果。」

最近在美國德州挖掘到的人類糞便化石中，發現了完整且未經調理、被人類生吞的老鼠遺骸。在其他人類糞便化石中，甚至有發現響尾蛇的骨頭、鱗片以及毒牙，推測應該也是被人類整條吞下肚的。

正所謂一物剋一物，應該就是這個意思吧？

搞笑諾貝爾獎頒獎典禮實錄

「很高興我在二十年前，還是大學生時所做的研究能夠受到眾人關注。在此感謝那些願意讓我這個菜鳥學生使用電子顯微鏡的大學工作人員，以及幫助我實現這個瘋狂點子的指導教授。」

——布萊恩．克蘭德爾先生

想變成山羊的設計師
——人類究竟能多麼接近動物？

「長大之後，我想變成一隻豹！」

小時候，我的幼稚園同學曾經這麼說過。當時性格扭曲的我，只覺得那位同學「腦袋是不是有問題」，但還是受到她那無拘無束的創意所打動，不禁羨慕起那位正直敢言的同學。像那樣的孩子，長大後應該都會成為史蒂芬．賈伯斯那樣的新創企業家吧？並且在不久之後，真的變成其他動物——。

先不管那些距離遙遠的未來，其實在二十一世紀初的現代，就有人努力地想要變成其他動物。潛入瑞士阿爾卑斯山牧場中，像隻山羊般過生活的湯瑪斯．斯韋茨 (Thomas Thwaites)，在 2016 年獲頒了搞笑諾貝爾生物學獎。

斯韋茨先生是一位來自倫敦的設計師，他之所以會想變成一隻山羊，是因為想要逃離充滿煩惱、痛苦以及令人心累的人類生活。英國與日本一樣，有相當多人平時就過著充滿壓力的生活。2018 年的英國全國調查顯示，有 74% 的民眾經常感受到無法克服的壓力。

那麼，「化身成山羊而生活」又是為了什麼呢？

過去有許多研究學者混入動物當中，為的就是研究動物生態或行動習性。舉例來說，享譽全球的珍．古德博士[3]，過去就曾經在坦尚

---

[3] 英國的靈長類學者，曾發現許多黑猩猩生態的祕密。

尼亞的貢貝溪國家公園與黑猩猩們一起生活。不過，對於一心想變成山羊的斯韋茨先生來說，這麼做完全無法滿足他。

在一開始，斯韋茨先生向製作義肢的專家請益，想製作出能夠讓自己的動作與山羊相同，並讓山羊認為自己是同類的套裝。這套山羊套裝，包括仿照山羊活動特徵所特製的前、後腳義肢，以及模仿山羊角所打造的安全帽。

在義肢方面，雖然考量到雙足步行動物在模仿四足步行動物走路時的最佳骨盆角度等問題後，義肢專家已經特別調整了前腳及後腳的長度，但人體的手臂原本就不是支撐體重的構造，再加上人類的肩胛骨無法像山羊那樣鬆開活動，所以並無法在四肢貼地的狀況下於斜坡跳躍。因此，專業醫師禁止斯韋茨先生像山羊那樣跑跑跳跳，頂多只能在山坡上緩慢行走。

穿著山羊套裝的斯韋茨先生（本人提供）

此外，斯韋茨先生也會盡量像山羊一樣，過著一整天持續吃草的生活。然而，人類的身體構造並無法像山羊那樣消化綠草，因為山羊的胃與人類不同，牠們的胃中棲息著能夠分解並吸收綠草養分的微生物，但人類卻沒有。此外，專家也指出，隨便攝食地上的綠草可能會罹患奇怪的傳染病，甚至會有營養失調的危險。

雖然斯韋茨嘗試過開發人工的山羊胃袋，但因為僅有特定研究者才能取得消化綠草的酵素，因此最終只好作罷。為了盡到最大的努力，斯韋茨先生在白天與山羊一同吃草，但他只是先把咀嚼過的草放到袋子裡，等到天黑後再用壓力鍋調理那些草並且吃下肚。

其實，斯韋茨先生原本希望在體驗山羊生活的過程中忘記人類的語言，他還曾因此考慮開發出能夠抑制部分腦部組織活動的裝置，但最後他並沒有那麼做。因為人體大腦中並沒有所謂的「語言中樞」，所以沒有辦法簡單透過阻斷的方式來抑制對話能力。

斯韋茨先生在山羊牧場總共待了三天。聽說這已經是他體能的極限了，因此無法再繼續與山羊一起生活。但在過程中，羊群們已經將他視為群體的一員，所以山羊套裝似乎還是發揮了不錯的效果。

2016 年搞笑諾貝爾生物學獎的其他得主

這一年，在牛津大學任教的查爾斯・福斯特 (Charles Foster) 先生也獲頒了搞笑諾貝爾生物學獎。他在野外相繼以獾、水獺、鹿、狐狸以及鳥的身分生活了一段時間。

福斯特先生最感興趣的問題，是動物們所感受到的世界。具體來說，他想透過考察釐清的重點，就是「我們是否能夠從根本理解他人的感受」。人類最常使用的感官為「視覺」，而福斯特先生則是希望自己能從視覺為主的世界觀中獲得解放。

福斯特先生並沒有堅持像斯韋茨先生那樣，完整地模仿動物的所有動作，而是盡可能地去體驗動物的生活方式。舉例來說，當他化身成獾的時候，曾經在六個星期當中模仿獾用鼻子磨蹭地面的行為，或是在地面上挖洞並躲在洞中生活。

在獾的生活體驗中，福斯特先生也試著吃過蚯蚓。他在接受英國《衛報》採訪時曾經表示：「蚯蚓吃起來感覺就像是一條長～長的黏稠鼻涕。」

在化身成水獺的時候，福斯特先生則是成天在河中游泳或漂浮；在變成鹿的時候，則是請朋友的獵犬追著他跑；在變身成狐狸的時候，甚至會跟著真正的狐狸穿梭於倫敦的大小垃圾場與巷弄。

福斯特先生在頒獎典禮中表示：「我終於瞭解那些動物眼中的世界是什麼模樣。不僅如此，我跟這些動物也更有共鳴了。」

不只是人類與動物之間不同，即便是人與人之間，每個人所見、所聞、所嗅的感觸都不盡相同。或許在未來某一天，我們將可以完整地感受到他人所感覺到的世界吧？不僅如此，或許我的幼稚園同學變成豹的那一天也會到來。我想，我應該會建議她先打造一套豹裝。

試著用磁鐵讓青蛙飄浮
——研究者最需要的就是玩樂之心

只要使用磁力的吸引力與排斥力，就可以讓物體飄浮。

有人從實用的角度來運用磁力原理，催生出連結東京與大阪的中央新幹線磁浮列車計劃。然而，也有人從玩樂之心的角度，讓青蛙飄浮於半空中，還因此獲頒了搞笑諾貝爾獎。

在 2000 年獲頒搞笑諾貝爾物理學獎的研究，可以說是極度符合搞笑諾貝爾獎的精神宗旨。荷蘭物理學家安德烈．蓋姆 (Andre Geim) 教授曾經利用電磁鐵讓青蛙飄浮在半空中。從研究影片當中可以發現，飄浮起來的青蛙因為感到困惑而不斷地舞動著腳。

蓋姆教授本人很想堅持地說：「這項研究絕不是一場惡作劇！」然而這一切的原點，事實上是發生於蓋姆教授心情不美麗的某一天。

當時的蓋姆教授正在荷蘭的大學研究超導現象，由於手邊沒有實驗所需的機器，因此研究無法順利進行下去。正當他為此感到煩躁時，他突然想起一些有關於磁力的疑問。就在某個禮拜五，他用屬於大學研究室裡的昂貴實驗器材——電磁鐵幹了一件蠢事。當時，他把電磁鐵的磁力開到最大，並不顧可能故障的風險，將水倒入儀器當中。

他在某本書中試著回想當時的狀況說道：「我完全不記得自己為什麼會做出那麼幼稚的事情。」總之，他倒入的水最後聚集在電磁鐵中央的洞裡，但水珠卻開始飄浮在半空中。

引起這種現象的原因，是由於物體會對於外加磁場產生微弱排斥力的物理性質，稱為「抗磁性」。包括水在內，地球上所有物質都擁有抗磁性。然而鐵或鈷這些金屬的抗磁性不明顯，是因為它們同時具有受磁力吸引的另一種性質，這種性質能夠吸引到更強的磁鐵，如此一來，就完全抵消了力量相對較弱的抗磁性。回到蓋姆教授的實驗。雖然水的抗磁性相當微弱，但在蓋姆教授把電磁鐵磁力開到最強的「幼稚行為」下，卻意外使得水表現出明顯的抵抗磁力現象。在所產生的抵抗電磁鐵磁力的排斥力影響下，水便飄浮在半空中了。

發現這個現象之後，蓋姆教授想到青蛙身體的含水量相當高，那麼不知道改以青蛙來進行實驗是否會有一樣的效果。於是，蓋姆教授也真的拿了一隻青蛙來嘗試，結果青蛙也真的飄浮起來了。而且不只是青蛙，之後他又用了番茄、草莓、蟋蟀以及榛果進行實驗，結果這些東西也全部都會飄浮。由於人體也幾乎都是由水所構成，因此理論上應該也能夠飄浮，不過蓋姆教授似乎還沒有拿人類做過實驗。

在獲頒搞笑諾貝爾獎十年後，蓋姆教授也榮獲了諾貝爾獎。不過他獲頒諾貝爾獎的研究與青蛙無關，而是有關於石墨烯的研究。石墨烯是一種厚度僅有一個分子厚的碳薄片，但卻擁有著相當驚人的強度。雖然石墨烯不是蓋姆教授所發明，但他依然因為發明了可以簡單且快速製作石墨烯的方法而獲獎。

在諾貝爾獎公開得獎者後的訪問中，蓋姆教授表示：「搞笑諾貝爾獎的紀念品看起來沒什麼魅力，所以我並不打算將它與諾貝爾獎的獎牌放在一起展示。但我依然認為，獲頒搞笑諾貝爾獎是一件光榮的事情。」蓋姆教授原本就是為了逗人發笑才會讓青蛙飄浮在半空中，因此只要達成了這個目的，他就覺得滿意了。除此之外，在這項研究對外公開之後，有許多孩童來信告訴蓋姆教授，自己長大後也要變成科學家。就結果來看，蓋姆教授的研究可以說是相當成功。

蓋姆教授平時都會舉辦名為「週五夜實驗」的活動，這個活動的宗旨是，無論成功與否，都要透過瘋狂的實驗來度過週五晚上的時光。無論是石墨烯或是讓青蛙飄浮的實驗，據說都是從這項實驗活動衍生而來。這令人再次感受到，不受實用性等條件所箝制，自由發揮創意有多麼重要。

另一位同時榮獲兩項大獎的得主？

國際原子能總署 (IAEA) 是致力於「防止核能被用於軍事目的，並確保能夠最安全地和平利用核能」的團體。該團體在 2005 年獲頒了諾貝爾獎。

2005 年時任職於 IAEA 的巴特．諾爾斯 (Bart Knols) 博士，在隔年也獲頒了搞笑諾貝爾獎。當時在 IAEA 進行蚊子不孕症研究的諾爾斯博士，因為發現「雌性瘧蚊會受到林堡起司[4]以及人類腳臭味所吸引」而獲頒了搞笑諾貝爾生物學獎。雖然諾爾斯博士並非單獨獲頒諾貝爾獎，但就某個層面來說，也算是同時獲頒兩個獎項的得主吧？

---

[4] 一種氣味相當強烈、刺鼻的起司。

採集鯨魚鼻水的方法

——需要的工具是船隻、遙控飛機與培養皿

據說鯨魚的口臭……不對，是鼻臭，嚴格來說是噴氣孔臭才對，氣味相當具有破壞力。不過，就是因為太臭才會被認為有研究價值。卡麗那．阿塞韋多－懷特豪斯 (Karina Acevedo-Whitehouse) 博士率領的墨西哥團隊，也因此投入了鯨魚的相關研究，並發明了鯨魚鼻水的採樣方法，還在 2010 年獲頒了搞笑諾貝爾工程學獎。

懷特豪斯博士的專業領域是海洋生物的免疫與自然保護。為了瞭解海洋生物的健康狀況，海洋學家們通常都會像人類的健康檢查一樣，採血進行分析。然而，鯨魚與其他中小型生物不同，很難從活體採集到血液檢體。雖然還是可以透過死亡的個體或是人類飼養的鯨魚取得血液檢體，但這些檢體並沒有辦法讓研究者完整掌握野生鯨魚的健康狀態。

因此，研究團隊想到了一個替代方案，那就是從連結鯨魚肺部的噴氣孔採樣排出的氣體，取代檢查所需的血液檢體。鯨魚的噴氣孔之所以會噴出散發惡臭的氣體，很可能是因為肺部健康狀況不佳或是罹患疾病，因此研究團隊便打算從噴氣孔採集黏液檢體。

這邊所說的黏液，其實就是鼻水。鯨魚的噴氣孔，其實是在漫長的演化過程中，慢慢移動至頭頂的鼻孔。因此人們在賞鯨船上看見的鯨魚噴氣秀，其實就是鯨魚用力「嗯！」一聲之下所噴出來的氣息，而其中也混雜著鯨魚的鼻水。鯨魚噴出的氣體之所以看起來呈現白

色，其實是因為噴氣孔周圍的海水，或是鯨魚噴出的水蒸氣受外環境溫度冷卻所造成。

剛開始時，懷特豪斯博士原本是想用棉花棒來採集鯨魚噴氣孔裡的鼻水。不過，由於這個想法太過單純，因此還被共同研究者苦笑著揶揄：「妳真的知道妳在說什麼嗎？」

在轉換思考方向後，懷特豪斯博士提出了兩個可行方法。

第一個方法其實非常單純，就是在長棍前端裝上培養皿，並趁鯨魚浮上海面噴氣時，抓住機會採集檢體。只要條件配合得完美，培養皿就能採集到許多鼻水。不過最令人頭痛的問題，就是研究人員必須搭船靠近鯨魚，而且距離還得在長棍所能及的範圍之內才行。當研究人員搭船接近時，聰明伶俐的鯨魚們總是會因為感到不安而遠離。

因此，懷特豪斯博士祭出了遙控直升機來作為第二方案的工具。當鯨魚開始遠離時，在船上的遙控直升機高手便會操作下方掛著數個培養皿的遙控直升機靠近鯨魚。由於在海上風大不容易操作，再加上遙控直升機有馬達過熱的問題，因此每次的採集檢體作業都必須在 5 分鐘內完成。不過，這些問題在實際調查的過程中，專家們均靠著過人的技術一一克服了。

這項研究在英國的電視節目上引發了話題，公共媒體機構 BBC 甚至專程為此製作了一部紀錄片。研究者們表示，雖然採集鯨魚鼻水的工作十分辛苦，但其實相當有趣。不過當時所使用的遙控直升機每臺要價近 60,000 元臺幣，因此大家都很怕它會被強風或海浪打落海中。

採集鯨魚鼻水的科學家們

另一個關於鼻子的研究
——原以為是鼻水，結果是鼻屎

除了鼻水的研究之外，也有一項關於鼻屎的研究曾經獲頒搞笑諾貝爾獎。

在 2000 年代初期，有兩位印度研究員投入了青少年與青少女挖鼻孔的實際狀態的調查。因為在美國進行的另一項研究已經以成年人作為目標對象，並且得出了「九成以上的成年人都具有挖鼻孔的習慣」的結論，因此兩位印度研究員便將焦點鎖定在似乎更愛挖鼻孔的青少年與青少女身上。

在針對254名學生進行問卷調查後，統計數據顯示，有3.5%的學生回答「完全不挖鼻孔」，換言之，也就表示絕大部分的學生在日常生活中，都會看到自己的鼻屎。有半數參與調查的學生回答，每天會挖四次以上的鼻孔，而其中更有7.6%的強者，每天挖鼻孔的次數超過了二十次以上。

大部分的人會挖鼻孔，都是因為鼻子不通或鼻子癢，但有12%的學生卻只是單純覺得好玩才挖，而且甚至有些人會刻意使用鑷子或鉛筆（？）等輔助工具。除此之外，有5.4%的學生表示，他們會把挖出來的寶藏放入口中。

進行此研究的初衷並非是為了搞怪有趣，而是想要調查挖鼻孔成癮問題的實際狀況。過度頻繁進行挖鼻孔的行為，就跟想要不斷拔掉頭髮的拔毛癖，或是過度意識髒汙而強迫自己不斷洗手的行為一樣，都是屬於強迫症的一種。這種病態般想挖鼻孔的問題，有個正式名稱叫做「挖鼻癖 (Rhinotillexomania)」。據說有些患者因為太用力挖鼻孔，甚至把左右鼻孔都挖通了。光聽就覺得痛啊……。

連續拍攝記錄三十四年的飲食內容

——始祖級＃食拍 ＃今天的餐點

許多智慧型手機的使用者，在餐廳都會進行一項「為食物拍照」的儀式。食物明明就放在眼前，卻得餓著肚子等朋友拍完照才能吃，感覺就像是在等待飼主放飯的小狗。即便如此，在收到朋友事後傳來的照片時，我還是會很高興。

先不發牢騷，我們回到主題吧！有位知名人士在過去三十四年間，完整拍下了自己吃過的所有東西，並持續分析這些食物對大腦運作或身體健康有何影響，還因此在 2005 年獲頒搞笑諾貝爾營養學獎。包括飛盤在內，他因為發明了許多東西而廣為人知。他，就是大名鼎鼎的 Dr. 中松。他從四十二歲就開始拍照記錄自己的飲食內容。直到 2020 年，他已經拍攝了半個世紀的飲食紀錄。

常聽說「我們的身體是由食物所組成」，但 Dr. 中松卻表示，我們吃下的食物，會在三天後對大腦及身體狀態造成影響。這項結論，是綜合他的每日飲食紀錄、採血檢驗結果以及食材相關研究而來。

現今為食物拍照是件簡單的事，但 Dr. 中松是在大約半個世紀之前的 1970 年代，就開始進行紀錄。當時還是使用膠捲底片的年代，拍照過程也比現在麻煩許多，而且需要的經費也相當驚人。除此之外，因為當年並沒有為食物拍照的這種風氣，所以曾經有一段時間，周圍的人都誤解並攻擊 Dr. 中松「破壞吃飯的氣氛」或是「在偷取主廚的料理創意」。想想也是，在那個年代，動不動就拿相機拍攝眼前的食物，這種行為確實是很詭異。

一定是因為那不屈不撓的精神，再加上長達幾十年不斷拍照記錄的耐性，Dr. 中松的研究才會受到青睞而獲獎。現在的 Dr. 中松已經不再使用底片型相機，而是改用拍攝食物專用的數位相機了。據說，這種相機的顯色相當棒，較方便記錄食材的種類與份量。

從 Dr. 中松的分析結果來看，有五十五種食物「能夠讓腦袋變好」，而且每天吃一餐的效果會比吃三餐還好。

Dr. 中松所整理的益腦菜單如下。

小麥胚芽、玄米胚芽、柴魚、沙丁魚、竹筴魚、白芝麻、黑芝麻、紫蘇、烤海苔、青海苔、紅紫蘇、梅肉、鹽、味噌、醬油、香菇、小米、粟米、稗米、莧菜子、藜麥、蕎麥、裸麥、薏仁、脫脂奶粉、大豆、小豆、黑豆、蠶豆、大麥、啤酒酵母、蜂蜜、蛋黃、珊瑚鈣、蘆薈、洋蔥、紅蘿蔔、青椒、芹菜、高麗菜、蔥、大蒜、生薑、辣椒、扇貝、羊栖菜、昆布、昆布根、海帶芽、海帶根、三溫糖、寒天、味醂、葡萄、李子

其中，他最推薦的是味噌或納豆等植物性發酵食品。如此看來，納豆味噌湯可以說是最強的組合。Dr. 中松目前正在開發同時含有這五十五種食材的香鬆及飲料。

目前高齡九十歲的 Dr. 中松仍持續在 Twitter 與 YouTube 上活躍地發表訊息，而且每天也花許多時間在開發與改良發明品。維持他源源不絕活力的關鍵，在於持續保持他的身體健康程度。Dr. 中松表示：「在維持健康上，最重要的就是吃對東西。所以直到現在，我仍在拍攝記錄我的飲食」。

和食是長壽的祕訣？

從 Dr. 中松的菜單來看，可以發現其中含有不少海鮮、海藻、味噌和醬油等和食中常見的素材。

我們經常聽說，和食是日本人長壽的主因之一，在歐美媒體上更是經常受到關注。實際上，日本超過百歲的人口數在全球排名第一，每十萬位日本人當中就有四十八人是百歲人瑞。此外，日本民眾死於心臟病的機率也相對較低。

「和食」的變化可以說是相當多樣。大約有四十篇研究和食與健康之關聯性的論文中提到，和食最大的共同特徵，就是使用海鮮、大量蔬菜以及大豆等食材。在調味方面，和食並非使用大量味道偏淡的調味料，而是少量使用味道較濃的調味料。在調理手法上，和食較少使用熱炒的方式，大多是採用蒸煮的方式料理。另外，料理品項偏多其實也被視為是有益健康的特色。

隨著時代變遷，和食也出現相當大的變化。有一項研究是參考 1960 年、1975 年、1990 年以及 2005 年的菜單，製作出不同年代具代表性的和食餐點，並讓小白鼠吃下這些餐點後再進行比較實驗。實驗結果發現，1975 年版本的和食，其引發糖尿病與脂肪肝的風險最低；1975 年版和食的最大特色，就是大量採用海鮮、海藻、豆類、水果以及發酵食物，而且品項也相對偏多。

除此之外，研究團隊也邀請幾位有肥胖問題的現代人來參與實驗，並讓他們分組攝取 1975 年版及現代版的和食。而實驗結果是，所有攝取 1975 年版和食的實驗者們都變瘦了！在實驗結束之後，研究人員還深入調查了實驗參與者的腸道狀態，結果發現兩組實驗參與者腸道中的微生物組成居然也有所不同。研究者認為，正是這個原因造成了兩組實驗參與者的體重出現變化差異。

日本作為長壽大國的時代，究竟會持續到什麼時候呢？

|專欄|

天才發明家的思考法

截至 2020 年 9 月為止，Dr. 中松共創造出了 3,626 項發明品。由於數量過於龐大，於是我天真地向他詢問：「您怎麼會有那麼多發明東西的點子呢？」

Dr. 中松有一套獨特的發明哲學，也就是「發明並非創意，而是理論」。大部分的人認為，發明總是來自天外飛來一筆的靈感，但事實並不然。Dr. 中松表示，在靈感來臨之前，最重要的是透過理論來思考主題。若最後無法普遍活用於整個社會，那麼就不算是個合格的發明。

我接著問：「老師，那種感覺就像是透過市場行銷的角度來找出消費者的潛在需求嗎？」結果，Dr. 中松否定了我的說法（啜泣）。雖然「需求為發明之母」，但就 Dr. 中松的角度來看並不正確。因為當需求出現時，一切都已經太遲了。

在發明東西時，必須將眼光投射到遙遠的未來。舉例來說，必須思考未來十年的需求，並且從無到有地建立出新的市場。話雖如此，其實 Dr. 中松的發明品也是耗費數年才順利完成。最主要的原因是：要將東西做出來很簡單，但要改善發明的實驗及驗證卻相當耗時。

若只思考未來幾年的需求，那麼發明在問世時就已經跟不上時代了。另外，做出來的發明品也不能只符合當下的生活需求。回顧各大

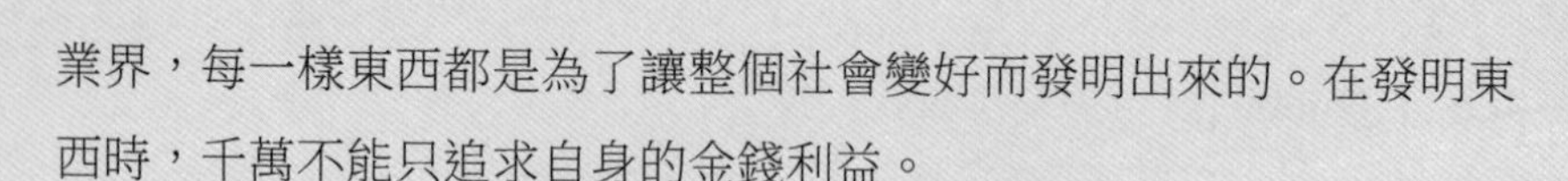

業界，每一樣東西都是為了讓整個社會變好而發明出來的。在發明東西時，千萬不能只追求自身的金錢利益。

在此精神下所誕生的發明之一，就是過去電腦所用的磁碟片。

新冠肺炎疫情肆虐下，賣到缺貨的防護面罩「SUPER M.E.N.」也是一樣。在 SARS 流行時，就因為「傳統口罩的防護力不足」而開啟了這項商品的發明契機。結果就在它正式完成問世之時，便剛好遇到了新冠肺炎疫情大爆發。

Dr. 中松表示：「人們總說發明成功可以發大財，但發明的精神不是源於錢，而是源於愛。若發明能讓大家變得幸福，那我就會覺得開心。」天才是 1% 的天分加上 99% 的努力，看來這句話一點也不假。

……正當我這麼想時，Dr. 中松又說出令人震驚的話。據說，他總是在晚上不斷冒出靈感，所以每天晚上幾乎都無法睡好。Dr. 中松的床頭總是會準備好筆記用紙，而天亮時床邊就會堆滿一座紙山。如此誕生而來的大量創意，最終會被分成有價值嘗試的點子，以及無法付諸實現的想法。接著在試作品完成之後，還得反覆進行實驗與驗證，最終才能發表上市。

老師，您果然是個天才呀！

Part 5

極其純真的好奇心

搞笑諾貝爾獎充滿好奇心！

成年後的我們，總是因為許多常識的束縛而過得綁手綁腳。其實，搞笑諾貝爾獎的得主們也是一樣。然而，有不少搞笑諾貝爾獎得主的研究都會令人不禁脫口說出：「咦？感覺好神奇呀……」，甚至喚醒我們沉睡許久的純潔童心。

這一章所集結的研究，全部都是孩子會問，但家長們卻不知道該如何回答的專業調查成果。

- 「欸，媽媽！為什麼孕婦走路時不會往前傾倒呢？」（第 141 頁）
- 「為什麼踩到香蕉皮會滑倒呢？」（第 145 頁）
- 「為什麼切洋蔥時會流眼淚呢？」（第 138 頁）

從今天開始，若孩子問起這些問題，你就能迎刃而解地完美回答了。如此一來，就不會再被一個有點臭屁的五歲小孩說：「你怎麼可以呆呆地活著呢？」應該啦！

當你因為孩子不斷地問「為什麼」而感到心累時，建議此時的你不妨可以老實回答「不知道」，甚至是反問孩子：「那你覺得是為什麼呢？」

希望各位能尋回童心來閱讀這一章。

貓咪是液體嗎

——因為會可愛變形，所以才認真思考

所謂液體，就是沒有特定的形狀，所以能夠隨容器而改變外形的物質。有研究者根據此定義，深入探討是否能夠將貓咪歸類為液體。

這一切的開端，來自於立陶宛網站「Bored Panda」上，一篇標題為「貓咪是液體！」的文章。在這篇文章當中，收集了許多貓咪鑽入沙拉碗、玻璃瓶以及紙箱當中的照片，並且主張：「這些宛如雜耍團般的柔軟度，說是液體也不為過吧？」

當然，這篇文章是以開玩笑的角度所撰寫的，但卻在網路上引發了討論：「貓咪是液體嗎？」

來自法國的物理學家馬爾可－安托瓦奴．法丹 (Marc-Antoine Fardin)，就嘗試以物理學的觀點來探究這個話題。關於自己為何會針對這個問題進行研究，並且整理成論文的動機，法丹先生在搞笑諾貝爾獎頒獎典禮上說道：「自從我在網路上看到這個主題後，我就一直想深入考察，並認為這項考察將會成為流體力學[1]界中，備受關注的重要議題。」

法丹先生透過許多幽默的表現來寫這篇論文，但也相當認真地針對同時擁有固態與液態兩種性質的物質進行探討。對於他的貢獻，搞笑諾貝爾獎便在 2017 年頒發了物理學獎予以肯定。

---

❶ 探討物質的流體現象與相關力學的學門。還可以依據研究對象為靜止狀態或流動狀態，再細分為流體靜力學與流體動力學。

就結論而言，法丹先生認為，在不同的狀況與個體差異下，貓咪其實也能算是液體。

法丹先生透過流體力學的角度來說明這個論點。其中最重要的，是物理學中名為「鬆弛時間 (Relaxation time)」的概念。所謂鬆弛時間，是指物質變形所需花費的時間。例如，水這一類能夠立即改變形狀的物質，其鬆弛時間就較短；而糖漿這一類黏稠物質，其鬆弛時間就會比較長。

在區別固體與液體時，通常會運用名為「笛波拉數 (Deborah number)」的數值來計算出物質的鬆弛時間。所謂笛波拉數，是使用鬆弛時間除以時間尺度[2]後，所求出的數值。若物質的笛波拉數大於 1，就可以將其定義為固體；若小於 1，則可以定義為液體。只要笛波拉數低於 1，無論該物質需要花多少時間才能與容器形狀一致，均可以視為液體。換言之，即便是相同物質，若觀察時間尺度較短，就可以將其視為固體；但觀察時間尺度若是較長，就可以視為液體。

以冰河為例，由於冰河移動速度極慢，即便觀察一小時也不會有明顯變化，因此具備了固體的性質。但若是以千年為單位去思考，冰河其實仍會隨著地貌改變外型，因此也具備有液體的性質。

將這個概念應用在水也是一樣的。就人類雙眼的可見範圍內，水擁有液體的性質，但若是用高速攝影機來拍攝水球破裂的瞬間，就能夠發現水會在極短的時間內，維持著水球的形狀。也就是說，若以毫秒為單位來思考，其實水也算是擁有固體的性質。

---

❷ 從形狀開始變化到結束所需要的時間。

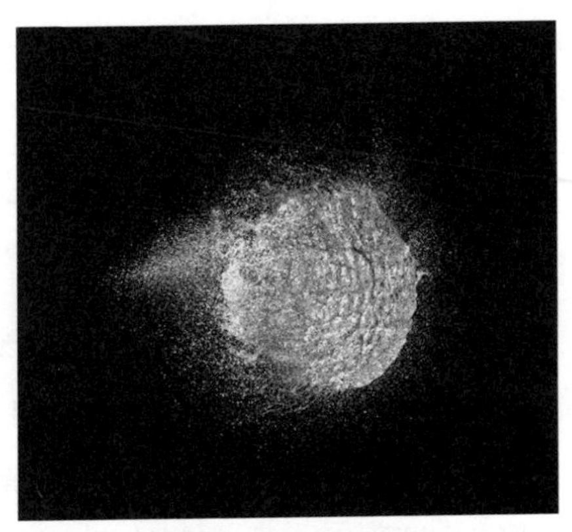

水球破裂的瞬間

法丹先生在接受英國《衛報》採訪時說明道：「貓咪也一樣，只要透過比貓咪鬆弛時間還要大的時間軸來進行觀察，就能發現貓咪能像水一般，透過柔軟的動作與容器融為一體。」

法丹先生透過笛波拉數進行計算後，發現貓咪完整融入小紙箱中的所需時間相當短，在定義上能夠算是擁有液體的性質。另一方面，若將貓咪放入有水的浴缸時，貓咪則會盡可能地減少與容器（浴缸）的接觸面積（單純不想碰到水而抵抗＝所需時間長），藉此展現出固體的性質。

簡而言之，只要耐心觀察的話，貓咪也能算是液體。

切洋蔥會刺激眼睛的原因其實很複雜
——為了開發「不流淚洋蔥」而展開的研究

相信許多人在小時候，都曾經在幫忙做晚餐時，因為切洋蔥而被弄得淚流不止。就連小學生，甚至是念幼稚園的小孩都知道切洋蔥會流眼淚，但其背後的真正原理之謎，卻是在 2000 年代初期才被解開。

學術界雖然提出過一套解釋的說法，但經過研究後才知道，事情沒有想像的那麼簡單。解開這道千古謎題的人，就是今井真介 (Imai Shinsuke) 博士所領導的日本好侍食品公司研究團隊。針對這項發現，搞笑諾貝爾獎委員會特別在 2013 年頒予了化學獎。

這邊就用一段短文來說明他們的研究發現。過去人們認為，切洋蔥時，洋蔥所噴出來的成分會與一種酵素產生反應，並轉化成能夠催淚的成分。然而，事實上在這個過程的背後，還隱藏著另一種未被發現的重要酵素的貢獻。如果沒有與這兩種酵素中的任何一個產生反應，切洋蔥時就不會覺得薰眼了。

許多人都認為，植物只是呆呆地在原地生長。然而，為了留下更多的後代子孫，植物們其實是相當拼命的，許多植物也因此演化出了各種不同防禦草食性動物的特殊能力。例如大蒜跟洋蔥所擁有的防禦機能之一，便是演化出名為「蒜氨酸酶 (Alliinase)」的酵素。當它們被動物啃咬而造成細胞受損時，該酵素就會製造出刺激性物質。

在日本好侍食品展開研究之前，人們認為洋蔥中名為「丙烯基半胱氨酸次磺酸 (PRENCSO)」的化合物，會因為蒜氨酸酶而轉化成催淚成分。不過該團隊經過研究後發現，洋蔥的 PRENCSO 與蒜氨酸酶混合後，確實會產生催淚成分，但大蒜的 PRENCSO 與蒜氨酸酶混合後，卻不會產生刺激感。因此研究團隊認為，洋蔥的 PRENCSO 當中，一定是有什麼成分是大蒜的 PRENCSO 所沒有的。

後來，研究團隊在洋蔥的 PRENCSO 當中發現了一種特殊的「催淚成分合成酵素」。當 PRENCSO 與蒜氨酸酶產生化學反應時，PRENCSO 會在瞬間短暫變化成丙烯基次磺酸 (1-Propenylsulphenic Acid)，而研究團隊所新發現的催淚成分合成酵素，則是能夠將丙烯基次磺酸轉化成催淚的成分。

目前人們已經在蔥、蕗蕎、韭蔥、紅蔥以及象蒜這些切開時會讓眼睛「薰」一下的蔥屬植物中，發現催淚成分合成酵素的存在。

這項研究成果告訴我們，只要能夠抑制這兩種酵素發揮作用，就可以打造出不會讓人流淚的洋蔥。

而日本好侍食品在 2015 年便對外發表，他們已經順利開發出不會讓人流淚的洋蔥了。研究團隊利用重離子光束照射洋蔥，促使細胞發生突變，藉此來產生出酵素活動力明顯弱化的洋蔥。這種洋蔥不只不會釋放出催淚成分，就連刺激的辛辣味也幾乎完全消失了。這個耗費十年才開發問世的洋蔥，就算不浸泡在水中進行切割也不會薰眼，而且氣味也不容易附著在雙手，因此料理起來顯得更加方便。

順帶一提，其實日常生活中，就有三種簡單的方法可以幫助我們在切一般洋蔥時，比較不會薰眼。

(1) **切洋蔥之前先進行冰鎮，可以抑制酵素反應的活性。**

(2) **使用好的菜刀，切洋蔥時盡量不要破壞其細胞。**

(3) **在開始薰眼前迅速切好洋蔥。**

總結下來簡單地說，就是別嫌麻煩，並且投資購買較好的工具，如此一來，就能夠提升自己的廚藝。

研究者經驗談

這項研究，起始於日本好侍食品公司在製造真空咖哩調理包時所發生的神祕現象。

在製造真空咖哩調理包的過程中，有一道程序是混合炒熟的洋蔥與大蒜，在正常情況下，只要仔細加熱炒過，就能將洋蔥與大蒜炒成美味的焦糖色。然而就在某一天，產線上所炒出的洋蔥與大蒜卻變成了詭異的青色。雖然可惜，但日本好侍食品公司也只能將數百公斤的洋蔥與大蒜報廢丟棄。為了找出事發原因以避免這個情況再次發生，他們才會著手深入研究洋蔥。

今井博士回顧當年說道：「我記得很清楚，在剛起步時，我還沒有從事基因相關研究的經驗，所以只能依照實驗指引手冊（初級篇）來尋找線索。而且，當時我們為了實驗還切過許多洋蔥，結果實驗衣上面沾滿了洋蔥的味道，怎麼洗都洗不掉。尤其是在洗衣後用熨斗燙整衣服時，會讓整個房間飄散著濃濃的洋蔥味。家人雖然頗有微詞，但相較下來，他們還是比較擔心我到底有沒有認真在工作。」

這項排除萬難而順利完成的研究成果，最後登上了知名學術雜誌《*Nature*》。在搞笑諾貝爾獎的頒獎典禮上，今井博士獻上最高敬意，感謝每一位被洋蔥弄哭的人，以及每一顆被人類吃下肚的洋蔥。

為何孕婦不會往前傾倒
——有些苦，男人不會懂

每一位孕婦的肚子裡至少都裝著一個人。為何孕婦挺著那麼大的肚子，卻還能若無其事地站立與行動呢？

對於黑猩猩那樣的四足步行靈長類而言，即便肚子因為懷孕而變大，重量依舊是以相同的方向往下分散。然而，對於雙足步行的人類來說，隨著胎兒不斷成長，孕婦的肚子也會不斷往前挺出。在這種情況下，孕婦的身體重心便會往前移動，因而變得容易往前傾倒。不過，那種情況並未發生，其原因就出在人體背骨的進化結果。解開這個謎題的人們，正是由凱薩琳．惠康 (Katherine Whitcome) 博士所領導的美國研究團隊。

研究團隊發現，女性與男性的脊椎構造略為不同，女性的脊椎在懷孕時會明顯彎曲。這項研究成果，在 2009 年獲頒了搞笑諾貝爾物理學獎。

該研究以十九名女性為對象，研究團隊分析了每一位女性在懷孕期間的不同階段所使用的站立與步行方式。首先要知道一件事，那就是人體脊椎骨在正常情況下，會呈現和緩的 S 狀。從力學觀點來看，S 狀是相當強韌的結構，可以巧妙地分散上半身以及人類特有的頭部重量。若沒有此構造，人體脊椎骨與肌肉就會因為過大的負荷而無法長久使用。

在人體腰部的脊椎骨（腰椎）中，存在著能夠讓整體脊椎骨呈現 S 狀排列的梯形腰椎骨。這項研究所關注的重點，是鎖定在比較男女梯形腰椎骨的數量，而研究結果發現，男性的梯形腰椎骨有兩個、女性則有三個❸，因此女性的脊椎骨較為容易彎曲。

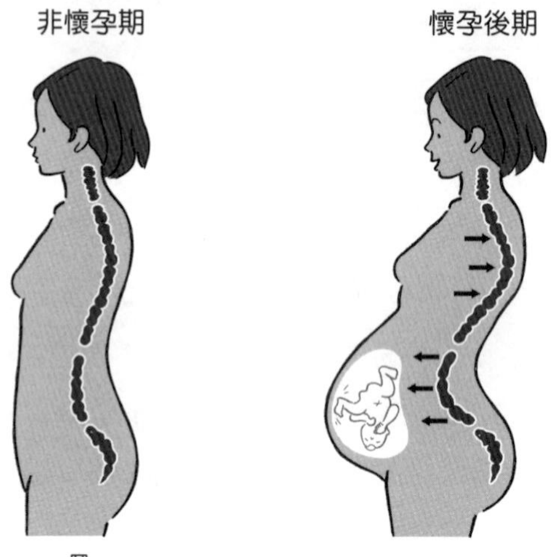

女性脊椎骨的形狀（側視圖）

多了一個梯形腰椎骨，可以讓女性脊椎骨的彎曲角度在懷孕後期最多增強 60%。整體來說，就是能夠將身體往後倒，藉此提升脊椎骨的彎曲度，使身體重心從前方移動至腰部上方，如此一來，即便胎兒的重量增加，孕婦也能維持身體平衡。

然而，脊椎骨的彎曲度一旦增加，就會容易引起腰痛。換言之，就是用腰痛這樣的代價來防止失去平衡而往前傾倒。所謂演化，都是以原始構造為基礎發生改變，因此在動物獲得新機能時，也都必須勉強自己付出一些代價才行。

---

❸ 此處的意思並非指女性的腰椎骨數量較男性多一塊，而是表示腰椎骨的倒數第三塊骨頭，男性為方形、女性為梯形。

研究團隊從初期人類——南方古猿的化石當中，就已經能夠觀察到相同的生理特徵了。從兩百萬年前的雌性南方古猿化石中，發現該化石具有三塊梯形腰椎骨，而雄性南方古猿的化石中，梯形腰椎骨的數量則較少。因此研究團隊推測，女性至少從兩百萬年前，就已經有這樣的腰痛問題了。

惠康博士表示：「我認為初期人類也和現代女性一樣，會有腰痛及疲勞感。無論是哪位媽媽，都有相同的不舒服體驗，那就是她們都必須在挺著大肚子的情況下維持身體平衡，才能順利站立與步行。」

另外研究團隊還認為，人類脊椎骨演化成現在的樣子，不僅能讓懷孕過程更加安全，也能使孕婦較容易活動，且疼痛感也降低許多。

綜觀整個人類史，過去的女性在成年之後，往往大多數的時間都是過著懷孕後再養育孩子，又再度懷孕，如此循環往復的生活，這樣的日常會對身體造成很大的負擔。不過隨著生育與節育觀念的改變，再加上現代孕婦在腰痛到無法活動時，也不必擔心會被野獸襲擊與獵食，因此現代女性的情況與初期人類相比，可以說是改善了一些。

雖說狀況有所改善，但孕婦們的忍耐力還是相當令人佩服。

搞笑諾貝爾獎頒獎典禮實錄

「我想把這個獎獻給過去幾百萬年來，身上帶著胎兒、乳房、胎盤、脂肪以及 9 公斤的羊水，卻還能正常走路而不會跌倒的雙足步行孕婦們。」

——凱薩琳．惠康博士

搞笑諾貝爾獎頒獎典禮實錄

「我們也想把這項殊榮獻給過去七百萬年來，曾經懷孕的雄性雙足步行動物。雖然人數不多，不算常見，但先前有人參加《歐普拉脫口秀》[4]時有談及。由於我們男性的梯形腰椎骨只有兩塊，無法順利分散身體重量，因此會更加容易感到腰痛，而且會動不動就想尿尿，問題真的非常多。」

——共同研究者　丹尼爾．李柏曼 (Daniel Lieberman) 教授

---

❹ 美國的電視節目。有位男性在變性後，因為懷孕而上節目接受訪談。

為何踩到香蕉皮會滑倒

——為什麼只有踩到的瞬間會滑？

有個問題想請教曾經因為踩到香蕉皮而滑倒的人，在到處都略顯乾淨的日本，究竟何處會有香蕉皮掉落在地上呢？

十九世紀後半，香蕉在美國各地普及，隨後有愈來愈多人在吃完香蕉後就隨地丟棄香蕉皮，而人們也是在那個時候發現「踩到香蕉皮會滑倒」。

在 1879 年時，美國甚至有知名雜誌撰文寫道：「由於有人將香蕉皮隨意丟在人行道上，因此造成許多人（滑倒）骨折，實在是令人十分困擾。」看樣子，當時美國的街道上應該到處都是香蕉皮吧？當然，目前已經沒有人敢如此明目張膽地亂丟香蕉皮了，所以大部分的人應該都是在某個電玩遊戲中，看到賽車輾過而失控打滑，才知道香蕉皮的實力。

隨著如此多文化塑造的影響，我想應該沒有人懷疑過香蕉皮那驚人的威力。不過，香蕉皮到底有多厲害呢？北里大學馬渕清資 (Mabuchi Kiyoshi) 名譽教授等人就是因為深入研究香蕉皮的威力，並且計算出其摩擦係數[5]，而在 2014 年獲頒搞笑諾貝爾物理學獎。

馬渕名譽教授的專業領域為人工關節。過去他在撰寫關節活動原理的說明文章時，曾經提到「關節活動的滑順度，會讓我聯想到踩到香蕉皮時的滑溜感」。簡單來說，人體關節周圍會被像軟墊般的軟骨

---

❺ 顯示摩擦力大小的指標數據。

組織包覆著，由於軟骨的摩擦力小，因此人體才能流暢地活動。若是讓堅硬的骨頭互相碰撞，那可就大事不妙了。

在舉出香蕉皮的例子後，馬渕名譽教授就一直很在意，是否有人會去研究香蕉皮的滑溜度？在大概檢視過論文資料庫後，他並未找到相關的研究論文。因此在 2010 年時，他便毅然決然地投入香蕉皮的研究。

在香蕉皮的研究中，馬渕名譽教授過去進行過的關節摩擦研究經驗便發揮了相當大的幫助。他利用測量摩擦力強度的儀器，測量了平時走路時鞋子與地板的摩擦力，以及踩到香蕉皮時，地板與香蕉皮之間的摩擦力。

即便馬渕名譽教授已經很習慣透過實驗來獲取數據，但他仍然表示：「這並不只是單純測量摩擦力那麼簡單。由於要測量出踩到香蕉皮滑倒時的瞬間力道，因此在技術面上的難度相當高。」在經過一番測量與計算後，他發現鞋子與地板的摩擦係數為 0.412，而香蕉皮與地板則是 0.066，兩者相差了 6 倍之多。換言之，相較於正常穿鞋走路的情況，踩到香蕉皮時的地板滑溜程度會高出 5～6 倍。然而，香蕉皮僅有被踩到的瞬間才會顯得特別滑溜。舉例來說，若把香蕉皮放在壓克力板上，那麼即便是角度傾斜，香蕉皮也依然不會滑動。

為了揪出這個現象背後的主因，馬渕名譽教授透過顯微鏡進行觀察，結果發現香蕉皮內側有許多體積約為數微米、裡頭塞滿黏液的小顆粒。當人們踩到香蕉皮時，這些小顆粒就會破裂，而飛散出來的黏液便會使香蕉皮變得滑溜。

當香蕉皮乾掉後，小顆粒中的黏液也會消失，此時就算踩到香蕉皮也不會滑倒了。不過，這邊的重點並非是水分多寡的問題，即便是以水分豐富的蘋果皮或橘子皮進行量測，兩者所得出的摩擦係數都超過了 0.1，因此馬渕名譽教授認為，關鍵是在於小顆粒中的黏液。此外，人們還發現，那些黏液與人體關節液的成分相當類似。

因此，下次在動畫或電影中看到有人因為踩到香蕉皮而滑倒時，記得要想起香蕉皮的摩擦係數為 0.066。不過，也僅限於踩到的那一瞬間。

馬渕名譽教授問答時間

目前已經知道，香蕉皮只有在被踩到的瞬間才會變滑溜，但……如果是像某些遊戲一樣，駕駛賽車輾過又會如何呢？關於這一點，我繼續向馬渕名譽教授深入討教。

Q：教授，如果在現實世界中，像遊戲那樣駕駛交通工具輾過香蕉皮的話，會發生什麼事呢？

A：富士電視臺的《瘋狂大實驗》（でんじろうの THE 實驗）節目中，曾經在我的監修下進行實驗，確認賽車輾過香蕉皮時是否會打滑。在遊戲世界中，只要一個香蕉皮就能讓賽車打滑，但在現實世界中卻一點作用也沒有。直到我們將香蕉皮的數量增加到一百個之後，才順利讓賽車輾到後打滑。

Q：感覺好滑溜喔！當時您也像在研究腳踩香蕉皮一樣，利用相同的手法測量摩擦係數嗎？

A：摩擦係數必須用特殊感測儀器才能進行測量。在用腳踩香蕉皮的實驗中，因為範圍較小，所以能夠順利進行。但在賽車實驗上卻不能這樣做，因為每個感測儀器要價 100 萬日幣，若要鋪滿每個輪胎，恐怕要花上一筆天文數字，所以我們無法用相同方式進行測量。不過，車子在經過彎道時，必須仰賴車輪與路面的摩擦力來防止衝出車道，因此可以透過這個特性進行測量。只要在彎曲角度不同的彎道上灑滿香蕉皮，再讓賽車於賽道上行駛即可。前提是，必須做好耗費大量金錢以及發生危險事故的心理準備。

Q：對了，馬渕教授您曾經不小心踩到香蕉皮而滑倒過嗎？

A：沒有。當平坦的地面上有個香蕉皮，而我沒有注意到的話，踩到後 100% 會滑倒。滑倒事故中所造成的頭部撞擊傷，有高達 50% 的致死機率，這完全不是在開玩笑。根據近年來的統計數據顯示，日本每年在平坦道路上跌倒而死亡的人數多達五千人，這個數字其實與交通事故死亡的人數相同。

實證胯下觀景的效果

——大海看起來像是天空的原因，不只是顏色的關係

說到京都的天橋立，就會想到胯下觀景。身體前傾下彎後，透過胯下遠眺天橋立的景色後，會發現大海看起來就像是天空。

從平安時代開始，天橋立的優美景色就廣為人知。在明治時代，更是為了活絡觀光產業而推行了胯下觀景。經過百年歲月，該手法依舊能持續招攬觀光客，可以說是相當巧妙的行銷手法，不知道有多少人都曾經前傾彎腰地從胯下欣賞天橋立的美景。現今的天橋立，甚至還設置著胯下觀景專用的高臺。

有研究團隊透過實驗來印證這個自古以來流傳至今的現象，而該研究成果則是在 2016 年獲頒了搞笑諾貝爾認知學獎。

透過胯下觀景時，人們會覺得大海看起來就像是天空。造成這種錯覺最主要的原因，是因為當視界上下顛倒後，靠近自己的物體看起來會縮小，造成整體視覺深度變淺，導致影像看起來就像是一個平面。立命館大學的東山篤規 (Higashiyama Atsuki) 教授與大阪大學的足立浩平 (Adachi Kouhei) 教授耗費十年的時間，透過單調的實驗來印證了這個現象。

東山教授著手研究胯下觀景效果的動機，來自於確認身體姿勢對視覺影響的調查研究。不知道各位是否聽過「垂直．水平錯覺」？也就是將兩條一樣長的線以垂直方式排列成 T 字形時，會出現縱線比

橫線長約三成的錯覺。有一天，東山教授試著以躺姿觀看這張圖，結果發現兩條線看起來居然變得等長了，因此他才決定展開此項主題的實驗。

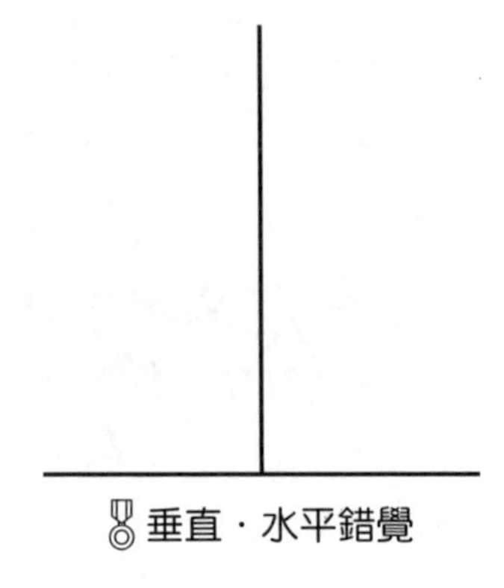

垂直・水平錯覺

不過，為何東山教授會想到以躺臥狀態來看這張圖呢？對於此問題，東山教授表示：「有一套假說認為，人類通常是在直立狀態下『學習』自己所見的事物。若該假說成立，那麼當人體未處於直立狀態下，過去所學習的一切就會無法正常發揮認知（整個世界看起來就跟平時不同）。」

在日常生活中，當我們眺望高樓大廈時，可能也會有相同的感受。在垂直・水平錯覺現象之下，目標體積愈大，所產生的錯覺程度也會愈大。當我們站立著眺望高樓大廈時，標的物看起來會比實際大了約四成；但只要改以躺姿看，感覺起來就會跟實際的高度相同。

首先，東山教授先從方便進行比較的躺臥姿勢研究開始著手，接下來，才接著展開胯下觀景的實驗。

在實驗中，東山教授準備了五種大小不同的三角形紙板，並讓九十名左右的志工透過胯下觀察紙板。實驗時，志工們會在 2.5～4.5 公尺的距離內觀察紙板，並且在觀察之後說出紙板的大小以及觀測距離。實驗結果發現，相較於站立狀態而言，胯下觀景所觀察到的紙板感覺會比較小，距離也會變得比較近。此外，當觀察標的物的尺寸愈大或是距離愈遠時，則效應會更加明顯。若在 45 公尺遠的地方放置一個 1 公尺高的物體，那麼透過胯下來觀看，感覺起來的高度就大約只有 60 公分左右。

針對這個現象的成因，東山教授繼續深入研究，探討問題究竟是出在胯下觀景的姿勢，抑或是雙眼獲取訊息上下顛倒所致。於是，東山教授讓志工們配戴「倒像眼鏡」，讓他們在視覺上下左右顛倒的狀態下進行實驗。實驗結果發現，在站立狀態下配戴倒像眼鏡時，標的物看起來並不會變小，也不會變近；然而，若是採取胯下觀景的姿勢，則標的物就會變小且變近。由此可以證明，造成視覺差異的主要原因，就是胯下觀景這個姿勢。

在募集志工時，有些人因為對胯下觀景的姿勢感到害羞而遲遲無法決定是否參加實驗。不過東山教授卻樂觀地表示：「我並未在研究過程中感到辛苦，因為研究是令人感到快樂的事。」

東山教授本人也曾經數次以胯下觀景的方式來欣賞天橋立的美景，並大讚「實在是風光明媚的寶地」。我本身並不是京都的觀光大使，但還是很推薦各位可以嘗試看看。

還有其他的視錯覺

・慕勒－萊爾錯覺 (Müller-Lyer illusion)

Q：你覺得哪條中間橫線比較長呢？

A：大部分的人都會選擇 b，但其實兩條中間橫線是一樣長的。

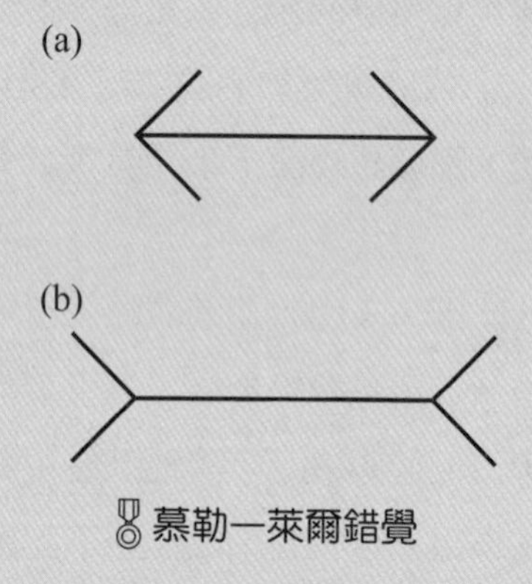

慕勒－萊爾錯覺

・左氏錯覺 (Zollner illusion)

不管怎麼努力，四條橫線看起來都像是斜線，不過你猜對了，其實每條線都是平行的直線。

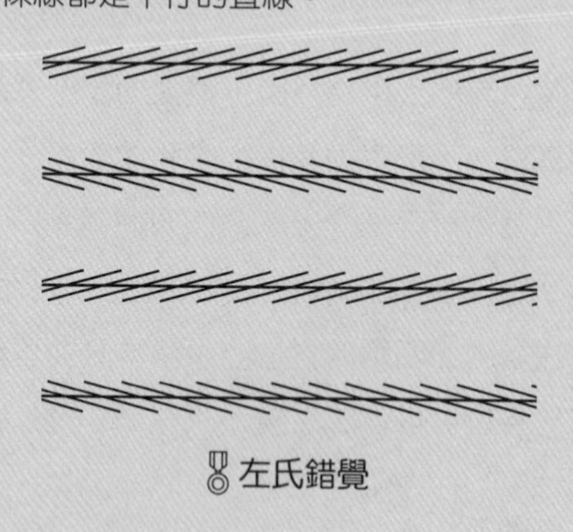

左氏錯覺

能讓水煮蛋稍微變回生蛋的方法

——其實 CP 值超低

「啊！不小心發個呆，結果蛋煮過頭了！」相信不少人都有過這樣的經驗。根據榮獲 2015 年搞笑諾貝爾化學獎的研究顯示，有個方法能夠將煮熟的蛋變回液體，不過僅限於蛋白的部分。

加州大學爾灣分校的古雷哥利．懷思 (Gregory Weiss) 教授等人，居然發現了能夠將煮熟的蛋白變回液體的方法。在實驗中，懷思教授將雞蛋丟入 90 ˚C 的熱水中，並且持續烹煮約 20 分鐘。懷思教授表示，如此一來，就可以將雞蛋煮得跟石頭一樣硬。

或許有人會反駁：「學校之前有教過，蛋白質一旦變性就無法恢復原狀了。」不過呢，其實只要使用些許的尿素以及能夠超高速轉動的裝置，就可以讓時間倒轉。以物理用語來說，就是透過「動能」以及「位能」來讓「熱能」所產生的變化恢復原狀。

煮熟之前的蛋白當中存在著許多細微折疊的蛋白塊。在放入滾燙的熱水後，這些折疊好的蛋白塊便會開始伸展成長繩狀。若是持續加熱的話，這些長繩狀的蛋白就會開始相互碰撞，最後糾纏成一團堅硬的塊狀結構，如此一來，透明的蛋白就會變成白色的蛋白塊了。

若是想讓煮熟的蛋白恢復原狀，第一個步驟就是必須剝開蛋殼，接下來，將切碎的蛋白塊放入添加了尿素的水中，並且持續浸泡一整晚的時間待其溶解。經過這個步驟，原本糾結在一起的蛋白結構就會解開，已經變成固體的蛋白塊就會變回蛋白液。

在蛋白塊液化後，還必須讓蛋白結構變得跟原本一樣，呈現細微折疊狀，否則就不算是恢復原本的狀態了。這時候，就得仰賴名為「渦狀流體裝置」的特殊儀器了。該儀器是由懷思教授的共同研究夥伴柯林．羅爾斯頓 (Colin Raston) 於澳洲所打造[6]，可以讓少量的液體以正確角度超高速轉動。

研究團隊將變回液體的蛋白放入儀器當中，並以每分鐘五千次的頻率進行轉動，如此一來，蛋白質就會跟橡皮筋一樣，被拉長後再縮回原狀。最後，蛋白中大部分的蛋白質都會被折疊得漂漂亮亮。

經過上述這些步驟，就能將煮熟的蛋白塊變成由水與尿素稀釋過的蛋白液。但可惜的是，該蛋白液之後就會變得不適合食用了。

雞蛋並不貴，所以如果蛋煮得過久，還是建議直接拿一顆雞蛋重煮就好。懷思教授本人也認同這個觀點。他之所以會想讓水煮蛋恢復原狀，其實只是想要展示自己所開發的新技術罷了。

解開糾纏在一起的蛋白質，並重新使其完美折疊的技術，在未來很有機會被運用在開發藥品之上。懷思教授認為，這項重新折疊蛋白質的技術，對癌症治療藥物的開發有相當大的助益。目前癌症治療藥物在開發過程中所遇到的瓶頸，是經常會因為操作失誤，導致藥物成分的結構像成塊的蛋白質那樣，各成分相互糾結在一起。只要能夠在短時間內解開糾纏的蛋白質，並將其完美折疊的話，就能夠大幅縮短藥品的研發時間了。

---

❻ 羅爾斯頓教授表示，該儀器是他從洛杉磯回雪梨時，於 15 小時的飛行期間所構思而成。

在傳統手法下，原本需要耗費四天的時間才能解開糾結的蛋白質結構，一旦改採用研究團隊的新技術，就可以將時間縮短到幾分鐘以內，如此一來，就能夠有效地刪減成本。舉例來說，目前癌症抗體大多是利用結構不易糾結的倉鼠卵巢細胞所開發而成。然而，只要採用這項新技術，就可以考慮改選用低成本之酵母菌或大腸桿菌的蛋白質來進行開發。

乍看之下，這項研究的主題就宛如料理白痴的自由研究，但其實裡頭所隱藏的，卻是相當驚人的創世之舉。

討厭刮黑板聲音的原因

——萬國共通的不適感

在學生時代，許多人應該都有過相同的經驗，那就是講臺上的老師不小心用指甲刮到黑板，發出刺耳的聲音，結果引來全班同學不舒服地哀嚎。不必多問，每個人應該都很討厭指甲刮黑板的聲音吧？不過神奇的是，我自己並不討厭那種聲音，反而是很討厭指甲摩擦黑板的觸感，光想就覺得指尖癢了起來。

為何指甲刮黑板的聲音如此討人厭呢？美國的林恩・海爾 (Lynn Halpern) 醫師、蘭多爾夫・布萊克 (Randolph Blake) 教授，以及詹姆斯・希爾布蘭德 (James Hillenbrand) 名譽教授一起針對這個被全世界嫌棄的聲音進行研究，並於 2006 年獲頒了搞笑諾貝爾聲學獎。這三位學者當時是在美國的西北大學進行共同研究。對於展開研究的動機，布萊克教授表示：「單純是想弄清楚『指甲刮黑板這個被全世界嫌棄的聲音，從訊號的角度來看究竟有何特徵』。」

用三爪耙與用指甲刮黑板的聲音相近，研究團隊便以三爪耙來替代指甲刮黑板，並將發出的聲音錄下來，再透過儀器測量這些聲音的頻率。於此同時，研究團隊也將這些聲音播放給勇敢的志工們聆聽。

由於研究團隊認為，高頻音是令人感到不舒服的原因，因此他們讓志工分別聆聽了去除高頻音、中頻音以及低頻音的三個不同版本的聲音，並請志工針對每個版本的不舒服程度進行評分。令人大感意外的是，即便是去除了高頻音，志工們的不舒服感覺還是沒有改善，反而是去除了中頻音的版本，聽起來比較沒有那麼不舒服。

得到這個結論之後，研究者們認為有繼續深入研究的價值，因此接著開始調查在其他哪些情況下，可以聽見那個令人感到不舒服的頻率聲音。結果，靈長類的吼叫聲居然也是其中之一。

布萊克教授表示：「（調查中發現）尤其是紅毛猩猩所發出的警告吼叫聲，其頻率與指甲刮黑板時所發出之聲音裡的中頻音完全相同。在實際聽過紅毛猩猩的警告吼叫聲後，會意外地感覺跟指甲刮黑板的聲音一樣，因此指甲刮黑板的聲音之所以會令人感到不舒服，很有可能是我們在下意識中，認為那是警告聲的關係吧？」

在後來的其他研究中，研究團隊嘗試驗證人們在聽到這種令人不悅的聲音時，身體是否會產生什麼反應。而實驗結果也發現，當聽到這種令人不悅的聲音後，人體確實會默默地開始冒汗。在其他的腦科學研究中，更發現該聲音能夠活化腦部連結負面情感的部位，以及強化其他連結聽覺的大腦部位之間的溝通。

由於「紅毛猩猩叫聲說」尚未受到實證，因此有其他專家從相異的觀點提出理由，來說明為何指甲刮黑板的聲音會令人不舒服。

該專家認為，造成人們感到不舒服的聲音聽起來之所以較為明顯，是因為其頻率介於 2,000～4,000 赫茲之間，在這個頻率區間的聲音相較於其他頻率來說，人們會比較容易產生反應。這是因為人類溝通、與生存相關的重要聲音，其頻率大多都是介於該範圍之內，所以人們才會對於此頻率區間的聲音格外敏感。正是由於指甲刮黑板的聲音頻率正好就在這個範圍之內，因此聽起來才會不舒服。

有趣的是，只要告知聽眾這個聲音是「現代音樂的獨特旋律」，人們聽起來的感受就不會那麼不舒服。不過，即使我們的感受會改變，但我們的身體並不會上當，聽到該聲音後依舊會默默地冒汗。

順帶一提，在西班牙語當中，有個特定的名詞是用來形容聽到不悅聲音時的感受——「Grima」。有一項研究還特別調查了 Grima 與身體反應的關聯性。該研究發現，當人們聽見能觸發 Grima 情感的聲音時，一開始心跳速度會變慢，接著又會一口氣飆升，最終在 6 秒之後恢復正常狀態。

指甲刮黑板的聲音真的被全世界嫌棄到不行。據說，就連古希臘哲學家亞里斯多德也對此聲音感到不舒服。相信再過千年後的人們，當聽到指甲刮黑板的聲音時，還是一樣會直冒冷汗吧？各位加油了。

蚊音也獲頒搞笑諾貝爾獎!?

同樣在 2006 年獲頒搞笑諾貝爾和平獎的研究，是一項使用蚊音所開發的新發明。英國的保全公司利用只有年輕人才聽得見的高頻音，打造出了防止年輕人群聚鬧事的裝置。直到今日，百貨公司附近仍然經常可以聽到該聲音。不過對於無意群聚的年輕人來說，該聲音就單純是種霸凌了。

在我還是中學生的時候，有家保全公司利用相同原理，開發出了只有年輕人聽得見，而老師卻聽不見（也許）的手機來電鈴聲。當時，雖然該鈴聲的討論度相當高，卻沒有人敢出面擔任那位打頭陣嘗試的勇者。

現在仔細想想，如果大家都用那個鈴聲，不會很嚇人嗎？

| 專欄 |

從一封怪信展開的頒獎典禮

據說，諾貝爾獎得主在官方發表得獎名單的前一刻，會突然接到諾貝爾委員會所打來的電話，通知獲獎的消息。那麼，搞笑諾貝爾獎這邊又是怎麼通知得主的呢？

搞笑諾貝爾獎的得主們表示，他們都曾經收到一封奇怪的電子郵件。因為研究洋蔥催淚成分而獲頒搞笑諾貝爾獎的今井真介博士表示，他在頒獎典禮前三個月的某天早上，突然收到了來自搞笑諾貝爾獎委員會的電子郵件。那封電子郵件裡告知了今井博士等人的研究被列入搞笑諾貝爾獎的候選名單，同時也希望博士能夠表態是否願意接受表揚。由於事情發生得太突然，加上那是十多年前所發表的研究結果，因此今井博士真心覺得詭異。

還有許多其他得主也都表示，這封電子郵件「怪怪的」。例如研究 Neotrogla 而獲獎的吉澤和德助理教授，一開始還以為是詐騙集團寄來的信，因此他不僅先透過電子郵件仔細確認寄件人身份，甚至還深入調查了電子郵件的寄件伺服器。

只要表態願意接受表揚，搞笑諾貝爾獎得主就會收到頒獎典禮的邀請函。今井博士所收到的邀請函中居然寫著：「因為主辦單位太窮，所以無法支付您旅費。但因為親戚願意提供空房，所以住宿的問題可以解決喔！」

決定參加頒獎典禮後，第一個要煩惱的問題就是得獎感言，每位得獎者只有 60 秒的時間可以說話。搞笑諾貝爾獎的傳統，就是在說明研究內容的同時，還得逗場上的眾人發笑。今井博士在經過一番煩惱後，決定採用美國影展上常見的「首先，我想感謝～」形式，以感謝洋蔥與人類的口吻來展開得獎感言。

另外，每位得獎者也要思考該如何賄賂那個會打斷得獎感言的甜普小姐。雖然還沒有見過甜普小姐在收到禮物後就安靜下來的案例，但大家都可以自由嘗試。今井博士等人送給甜普小姐的禮物是洋蔥布偶（北海道電視臺的官方吉祥物「on 醬」），以及蔬菜造型的橡皮擦，沒想到甜普小姐居然真的開心地跳著離開了舞臺。

在舉辦頒獎典禮之前，就已經有許多媒體塞爆了會場與得獎者所下榻的地方。而在接受完採訪並站上舞臺之後，迎面而來的就是鋪滿整個舞臺的大量紙飛機。只要看過搞笑諾貝爾獎頒獎典禮影片的人都知道，那是一個混亂、開朗且吵鬧的盛會。

結　語

我因為工作出席了美國科學振興協會所舉辦的研討會，也因此認識了搞笑諾貝爾獎創辦人——馬克先生。我原本以為，創辦搞笑諾貝爾獎的人會是一個超嗨的大叔，沒想到在我面前的，卻是一個斯文有禮，而且看起來相當聰明的紳士。

當時的我對搞笑諾貝爾獎瞭解不多，完全沒想到在幾年後，我居然會寫一本關於搞笑諾貝爾獎的書。早知道當時就應該誇獎馬克說：「你創辦了一個了不起的獎項呢！」說真的，你永遠不知道這個世界會發生什麼事（我在快三十歲時才頓悟這個道理）。

為了寫這本書，我壯起膽來與馬克聯絡，沒想到他居然爽快地答應了給予我協助。在說明本書的構想之後，他對我大讚「嘿，很棒喔！」，並且全面協助我進行採訪與收集資料。

在馬克先生的熱情邀請下，我有幸參加了2020年的搞笑諾貝爾獎線上頒獎典禮，那是個令我此生難忘的經驗。

在寫這本書的過程中，除了那些被人類吃下肚的洋蔥，以及被洋蔥弄哭的人們之外，還有許多人在這條路上幫了我許多忙，我就藉著此機會向大家表達感謝之意。

- 願意協助我進行採訪的日本搞笑諾貝爾獎得主馬渕清資名譽教授、栗原一貴教授、堀內朗醫師、東山篤規教授、今井真介博士、吉澤和德助理教授、渡部茂教授、新見正則院長、田島幸信理事長、

Dr. 中松老師。感謝各位百忙之中協助我。今井博士還寄給我一箱好侍食品開發的不流淚洋蔥「SMILE BALL」，真的非常美味呢！

- 責任編輯清水明哉先生。要不是你在茫茫的網路大海中發現我，這本書就不會有機會問世了。
- 前同事柴田幸子小姐、菊地乃依瑠小姐以及菅本薰小姐。感謝妳們在本書初期構思階段給予我許多建議。
- 我所有的家人，尤其是我的奶奶。我這個不肖孫，只要工作一忙就會停止思考，連帶著也不做家事，真的很抱歉。今後我會努力把家裡整理乾淨。
- 我身邊的朋友。謝謝你們總是一一應對我突如其來的問題。

最後，要感謝支持本書的每一位讀者。若您覺得這本書讀起來很有趣，那身為筆者的我就感到心滿意足了。感謝各位陪我到最後一刻，看完最後一個字。

2020 年 11 月　五十嵐杏南

參考文獻

- Acevedo-Whitehouse, K. 2010 A novel non - invasive tool for disease surveillance of free - ranging whales and its relevance to conservation programs. Animal Conservation, 13.
- Apatiga. M, & Castano. V. M. 2008 Growth of Diamond Films from Tequila. Advanced Materials Science, 22, 134-138.
- Barss, P. 1984 Injuries due to falling coconuts. The Journal of Trauma, 11, 990-991.
- Becher, P. D., Lebreton, S., Wallin, E. A., Hedenström, E., Borrero, F., Bengtsson, M., Joerger, V. & Witzgall, P. 2018 The Scent of the Fly, Journal of Chemical Ecology, 44, 431-435.
- Berry, M.V. & Geim, A.K. 1997 Of Flying Frogs and Levitrons. European Journal of Physics, 18, 307-313.
- Bertenshaw, C. & Rowlinson, P. 2009 Exploring Stock Managers' Perceptions of the Human-Animal Relationship on Dairy Farms and an Association with Milk Production. Anthrozoos, 22, 59-69.
- Bolliger, S. A., Oesterhelweg, L., Thali, M. J. & Kneubuehl, B. P. 2009 Are Full or Empty Beer Bottles Sturdier and Does Their Fracture-Threshold Suffice to Break the Human Skull? Journal of Forensic and Legal Medicine, 16, 138-142.
- Crandall, B. D. & Stahl, P. W. 1994 Human digestive effects on a micromammalian skeleton, Journal of Archaeologicai Science, 22, 789-797.

- Dacke, M., Baird, E., Byrne, M., Scholtz. C. H. & Warrant, E. J. 2013 Dung Beetles Use the Milky Way for Orientation, Current Biology, 23, 298-300.
- Fardin, M. A. 2014 On the Rheology of Cats. Rheology Bulletin, 83, 16-17 & 30.
- Grossi,B., Iriarte-Díaz, J., Larach, O., Canals, M. & Vásquez, R. A. 2014 Walking Like Dinosaurs: Chickens with Artificial Tails Provide Clues about Non-Avian Theropod Locomotion. PLOS ONE.
- Halpern, D. L., Blake, R. & Hillenbrand, J. 1986 Psychoacoustics of a chilling sound」 National Library of Medicine. Perception & Psychophysics, 39, 77-80.
- Han, J. 2016 A Study on the Coffee Spilling Phenomena in the Low Impulse Regime. Achievements in the Life Sciences, 10, 87-101.
- Higashiyama, A. & Adachi, K. 2006 Perceived size and perceived distance of targets viewed from between the legs: Evidence for proprioceptive theory. Vision Research, 46, 3961-3967.
- Horiuchi, A., Nakayama, Y. & Kajiyama, M. 2006 Usefulness of a small-caliber, variablestiffness colonoscope as a backup in patients with difficult or incomplete colonoscopy. THINKING OUTSIDE THE BOX, 63, 119-120.
- Imai, S., Tsuge, N., Tomotake, M., Nagatome, Y., Sawada, H., Nagata, T. & Kumagai, H. 2002 An onion enzyme that makes the eyes water. nature, 419, 685.
- Kimata, H. 2003 Kissing reduces allergic skin wheal responses and plasma neurotrophin levels. Physiology & Behavior, 80, 395-398.

- Kimata, H. 2003 Reduction of allergic skin weal responses by sexual intercourse in allergic patients. Sexual and Relationship Therapy, 19, 151-154.
- Kimata, H. 2006 Kissing selectively decreases allergen-specific IgE production in atopic patients. Journal of Psychosomatic Research, 60, 545-547.
- Kurihara, K. & Tsukada, K. 2012 SpeechJammer: A System Utilizing Artificial Speech Disturbance with Delayed Auditory Feedback. arxiv.org/abs/1202.6106.
- Lebreton, S., Borrero-Echeverry, F., Gonzalez, F., Solum, M., Wallin, E. A., Hedenström, E., Hansson, B. S., Gustavsson, A. L., Bengtsson, M., Birgersson, G., Walker III, W. B., Dweck, H. K. M., Becher, P. G. & Witzgall, P. 2017 A Drosophila female pheromone elicits species-specific long-range attraction via an olfactory channel with dual specificity for sex and food. BMC Biology, 15, 88.
- López-Teijón, M., García-Faura, A. & Prats-Galino, A. 2015 Fetal facial expression in response to intravaginal music emission. SAGE journals, 23, 216-223.
- Mabuchi, K., Tanaka, K., Uchijima, D. & Sakai, R. 2012 Frictional Coefficient under Banana Skin. Tribology Online, 7, 147-151.
- Mitchell, M. A. & Wartinger, D. D. 2016 Validation of a Functional Pyelocalyceal Renal Model for the Evaluation of Renal Calculi Passage While Riding a Roller Coaster. The Journal of the American Osteopathic Association, 116, 647-652.

- Perrin, P., Perrot, C., Deviterne, D., Ragaru, B. & Kingma, H. 2009 Dizziness in Discus Throwers is Related to Motion Sickness Generated While Spinning. Acta Oto-Laryngologica, 120, 390-395.
- Pluchino, A., Rapisarda, A. & Garofalo, C. 2011 Efficient Promotion Strategies in Hierarchical Organizations. Physica A: Statistical Mechanics and its Applications, 390, 3496-3511.
- Pluchino, A., Rapisarda, A. & Garofalo, C. 2010 The Peter principle revisited: A computational study. Physica A: Statistical Mechanics and its Applications, 389, 467-472.
- Puhan, M. A., Suarez, A., Lo Cascio, C., Zahn, A., Heitz, M. & Braendli, O. 2005 Didgeridoo playing as alternative treatment for obstructive sleep apnoea syndrome: randomised controlled trial. the bmj, 332.
- Qiao, X. 2017 Second-year student wins the 2017 Ig Nobel Prize for research on coffee spilling. THE CAVALIER DAILY.
- Rind, F. C. & Simmons, P. J. 1992 Orthopteran DCMD neuron: a reevaluation of responses to moving objects. I. Selective responses to approaching objects. Journal of neurophysiology, 68, 1654-1666.
- Salleh, A. 2005 Frog-sniffing scientists win Ig Nobel. ABC Science.
- Schmidt, J.O., Blum, M. S. & Overal, W. L. 1983 Hemolytic Activities of Stinging Insect Venoms. Archives of Insect Biochemistry and Physiology, 1, 155-160.
- Schwab, I. R. 2002 Cure for a Headache. British Journal of Ophthalmology, 86, 843.

- Smith, B. P. C., Williams, C. R., Tyler, M. J. & Williams, B. D. 2004 A Survey of Frog Odorous Secretions, Their Possible Functions and Phylogenetic Significance. Applied Herpetology, 2, 47-82.
- Smith, B. P. C., Tyler, M. J., Williams, B. D. & Hayasaka, Y. 2003 Chemical and Olfactory Characterization of Odorous Compounds and Their Precursors in the Parotoid Gland Secretion of the Green Tree Frog, Litoria caerulea. Journal of Chemical Ecology, 29.
- Smith, M. L. 2014 Honey bee sting pain index by body location. PeerJ, 2:e338.
- Uchiyama, M., Jin, X., Zhang, Q., Hirai, T., Amano, A., Bashuda, H. & Niimi, M. 2012 Auditory stimulation of opera music induced prolongation of murine cardiac allograft survival and maintained generation of regulatory CD4+CD25+ cells. Journal of Cardiothoracic Surgery, 7.
- Wahlberg, M. & Westerberg, H. 2003 Sounds Produced by Herring (Clupea harengus) Bubble Release. Aquatic Living Resources, 16, 271-275.
- Watanabe, S., Ohnishi, M., Imai, K., Kawano, E. & Igarashi, S. 1995 Estimation of the total saliva volume produced per day in five-year-old children. Archives of Oral Biology, 40, 781-782.
- Whitcome, K. K., Shapiro, L. J. & Lieberman, D. E. 2007 Fetal load and the evolution of lumbar lordosis in bipedal hominins. nature, 450, 1075-1078.
- Wilson, B., Batty, R. S. & Dill, L. M. 2003 Pacific and Atlantic Herring Produce Burst Pulse Sounds. Biology Letters, 271, 95-97.
- Yang, P. J., Pham, J., Choo, J & Hu, D. L. 2014 Duration of Urination Does Not Change With Body Size. Proceedings of the National Academy of

Sciences, 111, 11932-11937.

- Yoshizawa, K., L.Ferreira, R., Kamimura, Y. & Lienhard, C. 2014 Female Penis, Male Vagina, and Their Correlated Evolution in a Cave Insect. Current Biology, 24, 1006-1010.
- Yoshizawa, K., Kamimura, Y., Lienhard, C., L. Ferreira, R. & Blanke, A. 2018 A biological switching valve evolved in the female of a sex-role reversed cave insect to receive multiple seminal packages. Evolutionary Biology.
- Zampini, M. & Spence, C. 2004 The Role of Auditory Cues in Modulating the Perceived Crispness and Staleness of Potato Chips. Journal of Sensory Studies, 19, 347-363.
- 小寺貴之 . 2018 イグ・ノーベル賞受賞の笑える研究、背景には笑えない現実があった . 日刊工業新聞 .
- 久我羅内 . 2008『めざせイグ・ノーベル賞 傾向と対策』CCC メディアハウス .
- トーマス・トウェイツ著 , 村井理子訳 . 2017『人間をお休みしてヤギになってみた結果』新潮社 .
- マーク・エイブラハムズ . 2004『The Ig Nobel Prizes』Plume.

作者：胡立德
(David L. Ju)
譯者：羅亞琪
審訂：紀凱容

破解動物忍術：如何水上行走與飛簷走壁？動物運動與未來的機器人

水黽如何在水上行走？哺乳動物的排尿時間都是 21 秒？死魚竟然還能夠游泳？

讓搞笑諾貝爾獎得主胡立德告訴你，這些看似怪異的研究主題也是嚴謹的科學！

★ 「2021 台積電盃青年尬科學」科普書籍閱讀寫作競賽指定閱讀書目

從亞特蘭大動物園到新加坡的雨林，隨著科學家們上天下地與動物們打交道，探究動物運動背後的原理，從發現問題、設計實驗，直到謎底解開，喊出「啊哈！」的驚喜時刻。想要探討動物排尿的時間得先練習接住狗尿、想要探究飛蛇的滑翔還要先攀登高塔？！意想不到的探索過程有如推理小說般層層推進、精采刺激。還會進一步介紹科學家受到動物運動啟發設計出的各種仿生機器人。

作者：沈惠眞
譯者：徐小為

有點廢但是很有趣！日常中的科學二三事

★獨家收錄！作者特別寫給臺灣讀者的章節——野柳地質公園的女王頭！

科學不只是科學家腦中的沉悶知識，也是日常生活中各種現象背後的原理！

作者以敏銳的觀察、滿滿的好奇心，從細微的生活經驗中，發現背後隱藏的科學原理。透過「文科的腦袋」，來觀看、發現這個充滿「科學原理」的世界；將「艱澀的理論」以「文學作者」的筆法轉化為最科普的文章。

裡面沒有艱澀的專有名詞、嚇人的繁雜公式，只有以淺顯文字編寫而成的嚴謹科學。就像閱讀作者日常的筆記一般，帶您輕鬆無負擔地潛入日常中的科學海洋！

主編：
高文芳、張祥光

蔚為奇談！宇宙人的天文百科

宇宙人召集令！24 名來自海島的天文學家齊聚一堂，接力暢談宇宙大小事！

最「澎湃」的天文 buffet

★ 第 11 屆吳大猷科學普及著作獎佳作獎

這是一本在臺灣從事天文研究、教育工作的專家們共同創作的天文科普書，就像「一家一菜」的宇宙人派對，每位專家都端出自己的拿手好菜，帶給你一場豐盛的知識饗宴。這本書一共有 40 個篇章，每章各自獨立，彼此呼應，可以隨興挑選感興趣的篇目，再找到彼此相關的主題接續閱讀。

國家圖書館出版品預行編目資料

貓咪是液體嗎？40個最奇葩的搞笑諾貝爾獎主題／五十嵐杏南著;鄭世彬譯.——初版一刷.——臺北市：三民，2022
面； 公分.——（科學+）
譯自：ヘンな科学："イグノーベル賞"研究40講
ISBN 978-957-14-7520-2（平裝）
1. 科學 2. 通俗作品

307　　111013438

科學+

貓咪是液體嗎？40 個最奇葩的搞笑諾貝爾獎主題

作　　者	五十嵐杏南
譯　　者	鄭世彬
繪　　者	木村勉
責任編輯	洪紹翔
美術編輯	陳惠卿
發 行 人	劉振強
出 版 者	三民書局股份有限公司
地　　址	臺北市復興北路 386 號 (復北門市) 臺北市重慶南路一段 61 號 (重南門市)
電　　話	(02)25006600
網　　址	三民網路書店 https://www.sanmin.com.tw
出版日期	初版一刷 2022 年 11 月
書籍編號	S300390
I S B N	978-957-14-7520-2